人気バル・居酒屋の

創作ドリンク

# 创意鸡尾酒

&

# 人气饮品

## 189款

日本旭屋出版　主　编

谢粮伊　译

中国轻工业出版社

# "无论如何，先来杯啤酒吧"的习惯已渐渐改变！

大多数人一来到居酒屋，就会习惯性地说出"无论如何，先来杯啤酒吧"，并点下自己的第一杯饮品。

这句"无论如何"，有时是"在正式点菜之前，不管怎样先来杯啤酒吧"的意思，有时则是"待会儿也许会再点别的酒，不过先来杯啤酒吧"的意思。

然而，像这种"先来杯啤酒吧"的习惯已经渐渐改变。

喜欢威士忌鸡尾酒的人增多了，倾心于酸味酒的人也变多了，在女性当中，桑格利亚风情的鸡尾酒也越来越有人气，更有越来越多的人想要尝试莫吉托之类、点单率比较高的饮品。总而言之，人们对饮品的选择已经越来越多样化。人们不会再想着"无论如何，先来杯啤酒吧"，而是会想，"好不容易来一回，就算只喝一杯也要认认真真地选一杯"——这样的心理变化在年轻人当中尤为普遍。由此，一直追求"喜欢的饮品"的顾客们，也变成了不断追求"喜欢的新饮品"的顾客群体。

如今广受好评的餐厅，全都心系现代人的新型"品饮需求"，都致力于积极开发仅此一家、独一无二的各式饮品。

一家餐厅若是拥有人气饮品，就能拥有很好的客源基础。因此，即便是最普通的菜品，各个餐厅也总是努力在口味、装盘方式等方面去形成自己的特色，发挥出自己独有的创意。这份努力与热情不断积累，便开发出各种创意菜品，长期具有超高人气的菜单也就由此诞生了。

这样的发展趋势，也充分体现在饮品菜单当中。无论是对于酒品，还是无酒精饮料，越来越多的餐厅都在努力发掘只属于自己的风格。

现代人对于饮品偏爱的多样化需求是谁也不能忽视的。店中若是有自创饮品、独一无二的招牌饮品，或是有与其他店不同风格的饮品菜单，就很有可能成为高人气餐厅。与此同时，网络上的店铺评价中，除了食物，关于饮品的评语也在逐渐增多。

酒吧与居酒屋的饮品人气更是与店铺的人气直接相关，对于店铺的经营者来说，不仅是食物，饮品的特色化也成为当务之急。

# 目录

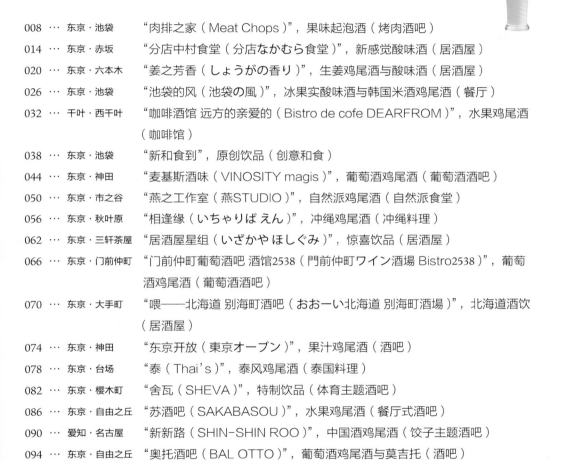

## 按基酒分类的"创意饮品"索引

※ 本索引将书中出现的饮品按基酒进行了分类。
　无酒精饮品见"软饮"类。

## 桑格利亚·混合葡萄酒基酒

## 果酒基酒

## 软饮

**本书使用说明**

- 书中所介绍的菜单内容与价格以及文后各店铺营业时间等，皆为截至 2014 年 2 月的信息，可能会与现在的信息有出入。
- 书中所记载的价格基本为税前价格。
- 配方中所使用的材料及其用量皆遵照各店铺所提供的资料。关于用量的表示方法，除了使用 mL 等单位来表示，也有一些采用比例来表示。
- 关于配方中使用的单位，1dash 约为 1mL，1tsp 约为 1 茶匙（约 5mL），1oz 约为 30mL。
- 若用量为"适量"，请根据饮品规格与装杯方式等，依照个人爱好调整浓度与口味。

# "肉排之家（Meat Chops）"，
## 果味起泡酒

不妨搭配以串烧为主的烤肉料理，享用一杯新款特调饮品吧。由数种浓缩果浆制成的鸡尾酒，在味道和色彩方面都丰富了"肉排之家"（Meat Chops）的菜单。更富有创意、令人耳目一新的迷你杯装啤酒，其人气也在不断攀升。

**料　理**

炭火串烧、牛排、红葡萄酒炖牛舌……无一不在追求着各种肉质本身的鲜美，"肉排之家"（Meat Chops）丰富的菜品总能让顾客们饱腹而归。其中，串烧尤其受到女士们的青睐，菜单中随处可见汉堡串烧、寿喜烧串等极具创意的单品。

🍷 白兰地基酒

## 狝猴桃起泡酒　　680 日元

这款酒的基酒采用了"札幌白色白兰地·
冰彩"。在果香四溢、口感柔和的法国干邑
白兰地中混入"莫林"狝猴桃浓缩果浆，
最后加入苏打水。

### 配方

白色白兰地（札幌白色　　苏打水…120mL
　白兰地·冰彩）…30mL　狝猴桃（装饰用）…1片
"莫林"狝猴桃浓缩　　　柠檬…3片
　果浆…15mL　　　　　碎冰块…适量

🍷 白兰地基酒

## 西柚起泡酒　　680 日元

人气最高的西柚果味起泡酒，用淡淡的粉
色与恰到好处的甘甜口味唤醒了女士们的
少女心。不少"酒迷"会将 7 种不同口味
的果酒轮番点上一遍。

### 配方

白色白兰地（札幌白色　　苏打水…120mL
　白兰地·冰彩）…30mL　西柚（装饰用）…适量
"莫林"西柚浓缩　　　　柠檬切片…3片
　果浆…15mL　　　　　碎冰块…适量

 桑格利亚·混合葡萄酒基酒

## 水果桑格利亚菠萝　730 日元

在白桑格利亚中加入法国"莫林"浓缩果浆，相比店内其他人气饮品，清爽的口感是它的魅力所在。水果桑格利亚系列中共有猕猴桃、芒果、柠檬等 7 种口味。

### 配方

| | |
|---|---|
| 白桑格利亚…150mL | 薄荷叶…适量 |
| "莫林"菠萝浓缩果浆…15mL | 碎冰块…适量 |
| 柠檬片（1/4圆切法）…4~5片 | |
| 菠萝（装饰用）…1块 | |

桑格利亚·混合葡萄酒基酒

## 水果桑格利亚黑加仑　730 日元

酸甜的黑加仑浓缩果浆与白桑格利亚混合，接着放入草莓、蓝莓与树莓用以点缀。这一款果味满溢、色彩甜美的鸡尾酒尤其受女性顾客的追捧。

### 配方

| | |
|---|---|
| 白桑格利亚…150mL | 草莓、蓝莓、树莓（点缀用）…各适量 |
| "莫林"菠萝浓缩果浆…15mL | 薄荷叶…适量 |
| 柠檬片（1/4圆切法）…4~5片 | 碎冰块…适量 |

🍷 朗姆酒基酒

## 香蕉莫吉托　730 日元

以白朗姆为基酒，层层加入浓缩青柠檬汁、糖浆与香蕉味浓缩果浆，接着用苏打水增加气泡感。用香蕉块做点缀，可提升饮品的质感。

**配方**

| | |
|---|---|
| 白朗姆…30mL | 苏打水…100mL |
| 浓缩青柠檬汁…15mL | 薄荷叶…适量 |
| 糖浆…5mL | 香蕉（点缀用）…适量 |
| 青柠檬片…3片 | 碎冰块…适量 |

🍷 朗姆酒基酒

## 西柚莫吉托　730 日元

水果莫吉托除了香蕉口味，还有猕猴桃、芒果、黑加仑、菠萝、柠檬等口味。其中，西柚莫吉托因其清透的甜味而独具魅力。

**配方**

| | |
|---|---|
| 白朗姆…30mL | 薄荷叶…适量 |
| 西柚浓缩果浆…15mL | 柚子（装饰用）…适量 |
| 青柠檬片…3片 | 碎冰块…适量 |
| 苏打水…100mL | |

 龙舌兰基酒

## 科罗娜丽塔
1280 日元

将墨西哥科罗娜啤酒注入玻璃杯中。白柑桂酒与浓缩青柠檬汁的柑橘香气十分具有冲击力。

配方

科罗娜啤酒（207mL
　小瓶装）…1瓶
龙舌兰酒…30mL
白柑桂酒…15mL
浓缩青柠檬汁…15mL
糖浆…5mL
柠檬片…2~3片
碎冰块…适量

朗姆酒基酒

## 科罗莫吉托
1280 日元

用科罗娜啤酒调制一杯莫吉托。啤酒的微苦口感因浓缩青柠檬汁的加入而变得轻盈。使用吸管更能让人细细品味、慢慢享用这一款饮品。

配方

科罗娜啤酒（207mL
　小瓶装）…1瓶
朗姆酒…30mL
浓缩青柠檬汁…15mL
糖浆…5mL
薄荷叶…4~5片
青柠檬片…2~3片
碎冰块…适量

**软饮**

## 米兹·芒格雷普（Mitz Mangrape） 450 日元

芒果与西柚两种浓缩果汁赋予了这款饮品以甜美的口味与缤纷的色彩。调配时，还在其中加入了鲜榨柚子汁。淡雅的渐变色使这款饮品显得十分华美。

**配方**

芒果浓缩果浆…15mL
西柚浓缩果浆…15mL
鲜榨柚子汁…100mL
柚子（装饰用）…适量
碎冰块…适量

# "分店中村食堂（分店なかむら食堂）"，
# 新感觉酸味酒

"分店中村食堂"如一家普通食堂一般平易近人。从带孩子外出吃饭的家长，到前来小酌一杯的上班族，顾客群的范围十分广泛。为了能让不同的顾客可以依据自己的爱好进行自由选择，餐厅的饮品种类也很丰富：酸味酒、烧酒、日本酒、葡萄酒……应有尽有。其中使用自制浓缩果浆制成的应季酸味酒更因其只此一家的独特风味而拥有颇高的人气。

### 料　理

"分店中村食堂"所提供的原创料理在日本料理的基础上加入了西餐与中餐等元素。类似于图中火腿炸饼（350日元/个）的配菜，还有意大利面、中华荞麦面、咖喱饭……各种食物在不经意间便勾起你的乡愁。

🍶 烧酒基酒

西瓜酸味酒　**600 日元**

本款饮品为夏季的特供饮品。在鲜榨西瓜汁中加入烧酒，再将小粒巧克力做成西瓜子的模样。独特的创意让人印象深刻。

配方

烧酒…30mL
鲜榨西瓜汁…90mL
碳酸水…60mL
小粒巧克力…适量
西瓜（装饰用）…适量
冰块…适量

## 牛蒡可乐　　600 日元

将牛蒡片在烧酒中浸制出基酒，再在其中加入可乐，加入冰块便大功告成了。和人气颇高的牛蒡茶相似，牛蒡可乐也具有草药的芳香与苦味。若是对这种味道上了瘾，便会成为它的"死忠粉"。

### 配方

烧酒…30mL
可乐…150mL
牛蒡片（浸片）…2片
冰块…适量

右图为用作酸味酒基酒的"柠檬酒""牛蒡酒"和"柠檬金橘酒"。柠檬酒虽然主要使用柠檬的果肉部分进行酿造，但为了留下微苦的味道，也保留了一些白色的果皮部分，可谓用心良苦。

🍷 烧酒基酒

## 蜂蜜金橘酸味酒　600 日元

本款饮品为冬季的定期提供饮品。用作基酒的蜂蜜金橘酒是由逐颗去子的金橘在烧酒中充分浸制而成的。金橘的精华溶解在烧酒中，微苦与微甜交杂的口味让人很是享受。

### 配方

烧酒…60mL
碳酸水…120mL
金橘（浸制品）…1颗
冰块…适量

🍷 烧酒基酒

## 蜂蜜金橘热酒　550 日元

用蜂蜜金橘酒与热水混合而成一杯热酒。金橘的香气慢慢升腾，让人在香气的包围中品尝那温柔的甜味。一杯下肚，身体也能变得温热。在寒冷的天气里，这款酒尤为受欢迎。

### 配方

蜂蜜金橘酒…70mL
热水…110mL
金橘（浸制品）…1颗

## 咸番茄酸味酒
600 日元

这款酒可以用于盛夏的盐分补给，推荐给你。用过滤的番茄汁制成淡粉色的浓缩汁，再加入碳酸水、番茄利口酒与盐。飘浮的樱桃番茄也给人一种清凉之感。

### 配方

番茄汁…60mL
碳酸水…80mL
番茄利口酒…40mL
樱桃番茄…1个
冰块…适量

▼

 烧酒基酒

## 生姜酸味酒
600 日元

生姜、肉桂、三温糖（黄砂糖的一种，为日本特产）、柠檬汁与水混合熬煮四五个小时，便制成了自制的浓缩生姜汁。清爽的生姜香气是它的一大亮点。

### 配方

浓缩生姜汁…50mL
烧酒…50mL
碳酸水…80mL
榨生姜汁…适量
冰块…适量

 烧酒基酒

## 发酵柠檬酸味酒
600 日元

用作基酒的柠檬酒，是以柠檬果肉为主要原料，加以烧酒、冰糖与少量的丁香酿制而成。柔和的酸味，口感十分友好，无论多少杯都能愉悦地享用。这款饮品的人气可是相当高的。

### 配方

柠檬酒…80mL
碳酸水…100mL
柠檬片（浸片）…1片
冰块…适量

🍷 白葡萄酒基酒

## 成年人的水果潘趣　800 日元

这款饮品就像一份成人版的餐后甜点。切成适宜大小的水果块与白葡萄酒以及糖浆混合在一起，满溢的童心尤其容易引起女性顾客的共鸣。

配方

白葡萄酒…120mL
糖浆…10mL
应季水果…适量

居酒屋

# "姜之芳香（しょうがの香り）"，
# 生姜鸡尾酒与酸味酒

店内充满生姜风味的特色菜单尤为引人注目。菜品中有八成单品都融入了生姜的味道与芳香，颇具健康气息。生姜风味的鸡尾酒与酸味酒也达到了50种之多。使用自制生姜汁制成的新单品花样层出不穷，总是让人充满期待。

料 理

生姜具有美容与养生的功效；店内的生姜全部采用香味浓郁的日本产生姜。用恰到好处的烹饪方式，充分激发食材的潜能，发挥出生姜的效用，以日本料理为基础开发出各式原创料理。使用了大量生姜的"肉味噌生姜生菜卷"几乎是必点的配菜。

（🍷 朗姆酒基酒）

## 生姜风味自由古巴

680 日元

对金酒基酒型的深杯鸡尾酒"汤姆柯林斯"进行了创新。生姜香味柔和，浓缩柠檬汁的酸味则赋予了这款饮品清爽的口感。

（ 配方 ）

白朗姆酒…45mL     苏打水…100mL
自制浓缩生姜汁…10mL   柠檬…1/8个
浓缩柠檬汁…5mL    薄荷叶…适量
加勒比海糖浆…5mL    冰块…适量

（🍷 朗姆酒基酒）

## 生姜风味朗姆可冷士

680 日元

在朗姆酒与可乐组合而成的鸡尾酒"可冷士"的基础上加入自制的生姜汁，创意十足。朗姆、可乐之中混入了生姜的辣味，口感十分微妙。

（ 配方 ）

白朗姆酒…45mL    青柠檬…1/8个
自制浓缩生姜汁…10mL   薄荷叶…适量
可乐…100mL     冰块…适量

### 番茄生姜酸味酒　580 日元

将原本使用了含有贝类提取物的番茄汁"暗黑番茄"的鸡尾酒"血腥凯撒"进行创新调制。其中似有似无的黑胡椒味令人印象深刻。

#### 配方

番茄汁（暗黑番茄汁）…90mL　　苏打水…适量
自制浓缩生姜汁…10mL　　　　　黑胡椒碎…适量
烧酒…30mL　　　　　　　　　　冰块…适量

🍸 利口酒基酒

### 蔓越莓 × 生姜酸味酒　580 日元

蔓越莓的酸甜与生姜的微辣口感相互融合，独特的味道备受女性顾客的欢迎。漂浮着的蔓越莓果为其更添一层果香。

#### 配方

蔓越莓果汁…120mL　　苏打水…适量
蔓越莓利口酒…30mL　　薄荷叶…适量
自制姜汁…10mL　　　　冰块…适量
冷冻蔓越莓…2~3颗

🍷 烧酒基酒

## 胶原蛋白柚子生姜酸味酒
580 日元

在这款健康派的酸味酒中加入了胶原蛋白，增加了其美容养颜的功效。浓缩型"胶原蛋白柚子"、自制浓缩生姜汁与烧酒混合在一起，再加入小块柚子皮进行点缀，同时激发了酒的芳香。

配方

| | |
|---|---|
| 胶原蛋白柚子…30mL | 苏打水…适量 |
| 自制浓缩生姜汁…10mL | 小块柚子皮…适量 |
| 烧酒…30mL | 碎冰块…适量 |

 桑格利亚·混合葡萄酒基酒

## 白姜酒　680 日元

将生姜浸泡在白葡萄酒中酿成生姜葡萄酒，再加入鲜橙与青柠檬，果香四溢。在清澈的葡萄酒中，可以清楚地看见柑橘的模样。

配方

| | |
|---|---|
| 生姜葡萄酒…120mL | 橙子…1/8个 |
| 白葡萄酒…30mL | 薄荷叶…适量 |
| 青柠檬…1/8个 | 冰块…适量 |

## 双重姜　780 日元

在生姜汽水中加入自制浓缩生姜汁，带来这杯无酒精的"双重姜"。不善饮酒的顾客或是女性顾客都对这款甜味系的饮品青睐有加。

### 配方

| | |
|---|---|
| 自制浓缩生姜汁…30mL | 薄荷叶…适量 |
| 生姜汽水…适量 | 碎冰块…适量 |
| 青柠檬…1/8个 | |

## 生姜风味莫斯科骡子

### 680 日元

在伏特加中掺入生姜汽水，再加入少量的生姜利口酒与自制浓缩生姜汁。入口有温和的甜味，回味又有一丝丝辣味。

### 配方

| | |
|---|---|
| 伏特加…30mL | 薄荷叶…适量 |
| 生姜利口酒…10mL | 青柠檬…1/8个 |
| 自制浓缩生姜汁…10mL | 冰块…适量 |
| 苏打水…100mL | |

🍸 龙舌兰基酒

## 生姜风味玛格丽特　680日元

这款鸡尾酒是用龙舌兰、白柑桂酒及青柠檬汁制成的鸡尾酒"玛格丽特"的生姜风味版本。它的芳香与其在齿间久久萦绕的余韵令人回味无穷。

🟦 配方

龙舌兰…30mL　　自制姜汁…5mL
白柑桂酒…15mL　盐…适量
青柠檬汁…15mL　柠檬…1/8个

🍸 利口酒基酒

## 阿玛雷托姜酒　680日元

阿玛雷托散发的杏仁芳香与姜汁汽水的微辣口感形成了反差的美感。酒精度数也控制在多数人都能承受的范围内。

🟦 配方

阿玛雷托…20mL　　生姜汽水（偏辣
自制浓缩姜汁…10mL　型）…120mL
柠檬…1/8个　　　冰块…适量

# "池袋的风（池袋の風）"，冰果实酸味酒与韩国米酒鸡尾酒

在这家以"提供充满乐趣的用餐体验"为经营理念的高人气餐厅中，顾客可以体验到宾至如归的舒适感觉。店内提供100种啤酒、70种烧酒、50种日本酒……酒的品类数量号称"日本第一"。更有用冰冻水果罐头制成的冰冻果肉酸味酒等各种富有创意的单品。

**料理**

盛满炸金枪鱼和炸虾的"风之鱼与薯条"、花上500或980日元就能享用的"铁板鹅肝肉排"等，菜单中的惊喜可谓层出不穷。许多回头客都表示"无论来多少次都不会腻"。

烧酒基酒

## 冻橘子酒

650 日元（税后价）

这是一款使用冰冻橘子罐头制成的创意酸味酒。每一个酒杯中都装满果肉，再加入甲类烧酒（烧酒按酒兑法分为甲类和乙类。甲类烧酒是把含酒精的材料用连续式蒸馏机进行蒸馏的酒，度数在36度以下。乙类烧酒是把含酒精的材料用单式蒸馏机进行蒸馏的酒，度数在45度以下）与碳酸水，便能让顾客尽情享用了。水果罐头独有的柔和甜味与华美色彩也别具魅力。

配方

冻橘子…适量
甲类烧酒（或伏特加）…30mL
碳酸水…适量
白桃利口酒（可根据个人爱好选择
　　口味）…少量

🍷 烧酒基酒

## 冻白桃酒　650 日元（税后价）

将白桃罐头冰冻，用杯中的叉子便可直接享用果肉，也可以根据个人喜好将果肉搅碎、混拌在酒中品尝。白桃口感柔和，易于入口。

### 配方

冻白桃…适量
甲类烧酒（或伏特加）…30mL
碳酸水…适量
白桃利口酒（可根据个人爱好
　　选择口味）…少量

🍷 烧酒基酒

## 冻芒果酒　650 日元（税后价）

芒果浓郁的甜味弥漫在酸味酒中，将其作为饭后甜点的顾客不在少数。由于使用了芒果罐头，饮品的酸甜程度也能被很好地控制。

### 配方

冻芒果…适量
甲类烧酒（或伏特加）…30mL
碳酸水…适量
白桃利口酒（按爱好选择口味）…少量

烧酒基酒

## 冻什锦酒　700 日元（税后价）

杯中满满地盛上了白桃、芒果、橘子3种冰冻水果，值得大力推荐。这款酒有着热带果饮一般的华丽感，能一下子点亮整个餐桌的氛围。

配方

冻橘子、冻白桃、冻芒果⋯各适量
甲类烧酒（或伏特加）⋯30mL
碳酸水⋯适量
白桃利口酒（可根据个人喜好
　选择口味）⋯少量

韩国米酒基酒

## 米酿啤酒（啤米酒）
**550 日元（税后价）**

仅仅使用啤酒与米酒混合的做法，即便在韩国米酒型鸡尾酒中也显得十分简洁。为了凸显啤酒的口感就没有加冰块，而是增加了啤酒的分量。"啤米酒"的有趣名称也颇为引人注目。

### 配方

韩国米酒…1/2
啤酒…1/2

韩国米酒基酒

## 蓝莓米酒

**550** 日元（税后价）

将米酒的柔和酸甜味道融入鸡尾酒中。在放入冰块的玻璃杯中注入蓝莓汁与米酒，水果的酸味与乳酸饮料的酸味，共同营造出丰富的口感。

### 配方

韩国米酒…适量
蓝莓汁或蓝莓利口酒…适量

 韩国米酒基酒

## 鲜柚米酒

**450** 日元（税后价）

这款饮品的柔和奶油色尤其让人印象深刻。米酒的甜味中加入微酸的柚子味，形成了圆润可口的香味，口感十分宜人。

### 配方

韩国米酒…1/2
100%柚子汁…1/2

韩国米酒基酒

## 午后红茶米酒

**450** 日元（税后价）

无糖红茶与米酒对半，尽管配方十分简单，但干净的口感使得它与味道浓郁的料理十分相配。从价格上来看这也是一款性价比极高的饮品。

### 配方

韩国米酒…1/2
午后的红茶（红茶）…1/2

# "咖啡酒馆 远方的亲爱的（Bistro de cofe DEARFROM）"，
## 水果鸡尾酒

这是一家地理位置很好的咖啡馆，顾客可以在店里轻松享用亲切的平价料理与饮品。富有创意的新式单品层出不穷，比如用自制水果白兰地调配成的鸡尾酒，利用新鲜植物的叶片制成的健康饮品等。

**料理**

由颇负声望且经验丰富的意大利主厨亲自奉上各种创意料理，从下酒小菜到一家人共享的分量充足的烤肉料理，种类丰富，基本可以满足顾客的需求。

🍷 桑格利亚·混合葡萄酒基酒

## 柑橘甘露酒　680 日元

橙香浓郁的仙山露柑橘苦艾酒与辛辣的生姜汽水相结合，再以新鲜薄荷与迷迭香为其增色。饮品的酸度可以用青柠檬加以调整。

### 配方

仙山露柑橘苦艾酒…30mL
偏辣口味生姜汽水…60mL
薄荷叶…5片
迷迭香…1根
青柠檬…1/8个
冰块…适量

### 🍷 红葡萄酒基酒

## 甜心红莓　650 日元

这是一款泛着黑加仑利口酒的酸甜口味的红葡萄酒热饮。将调羹中的自制枫糖一点点溶在酒中，慢慢感受味道的变化吧。

### 配方

红葡萄酒…45mL
黑加仑利口酒…5mL
热水…120mL
自制太妃糖…1块
蓝莓…1颗
薄荷叶…1片
植物叶片（装饰用）…适量

### 🍷 白葡萄酒基酒

## 清爽果味葡萄酒　630 日元

白葡萄酒中漂浮的几个冰块，是用在糖浆中浸制过的柠檬、树莓与薄荷叶冰冻而成的。冰块融化之后，白葡萄酒也会变得果香满满。

### 配方

白葡萄酒…75mL
冰块…适量
柠檬糖浆味…1块
树莓糖浆味…1块
薄荷糖浆味…1块

## 🍷 白兰地基酒

### 橙子泡白兰地 + 汤力水 　600 日元

用于基酒的自制白兰地有苹果、橙子和树莓3种。将水果切块，加入肉桂粉，在白兰地酒中浸泡约1周制成。饮品中加入了浸制后的果肉，品尝起来乐趣多多。

#### 配方

自制白兰地（橙子）…45mL
汤力水…60mL
橙子（浸制品）…1~2片
薄荷叶…适量
冰块…适量

## 🍷 白兰地基酒

### 树莓泡白兰地 + 汤力水 　600 日元

在树莓白兰地中加入汤力水，果味浓郁。树莓的酸甜口味溶在酒中，同时也给酒染上了鲜艳、华美的红紫色。

#### 配方

自制白兰地（树莓）…45mL
汤力水…60mL
树莓（浸制品）…1~2个
薄荷叶…适量
冰块…适量

## 🍷 白兰地基酒

### 苹果泡白兰地·柠檬汽水

600 日元

在白兰地中加入了苹果，带给这款酒恰到好处的清甜。蜂蜜的香甜、柠檬的酸味则让整杯饮品的味道变得紧凑而完整。伴着浓郁的果香慢慢享用浸满了苹果味的白兰地吧。

#### 配方

自制白兰地（树莓）…45mL
蜂蜜…10g
苏打水…50mL
苹果（浸制品）…1~2块
柠檬…1/8个
薄荷叶…适量
冰块…适量

软 饮

## 甜蜜蜜　650 日元

水蜜桃、石榴浓缩果汁与柚子果汁共同形成了甜美的渐变色，碎冰块让色层显得更为清晰可人。柠檬汁则为饮品增添了一抹亮色。

### 配方

"莫林"水蜜桃浓缩果汁…30mL
石榴浓缩果汁…10mL
柠檬汁…5mL
柚子汁…120mL
冻树莓…1个
树莓（装饰用）…适量
薄荷叶…1片
碎冰块…适量

**软 饮**

### 日光　630 日元

这是一款用椰子与菠萝制作而成的夏季鸡尾酒。用烤制的椰子肉加以点缀，为其更添一层香气与质感。青柠檬果汁则为其增加了一份清爽感。

**配方**

浓缩椰浆…20mL
菠萝果汁…100mL
汤力水…50mL
椰子碎…1撮
青柠檬…1/8个
植物叶片（装饰用）…适量
碎冰块…适量

# "新和食到"，原创饮品

这家居酒屋在日本料理中融入意大利料理、法国料理的元素，并进行了再创作，由此产生的创意和食受到了顾客们的广泛好评。在经典鸡尾酒与桑格利亚酒的基础上加入日本酒、梅酒，或是使用一些有利于皮肤健康的基酒——各种新鲜的创意层出不穷，菜单也是时时更新。

（鸡尾酒研发者：冈田大吾）

**料理**

"新和食到"始终坚持使用有机蔬菜、市场直送的海鲜、品牌猪肉和牛肉等新鲜而安全的食材，料理的烹饪方法也以调动食材本身的美味为目标。与这些美味的料理进行搭配，饮品的种类也达到了200种以上，顾客可以尝试各种各样的搭配组合，乐趣满满。

🍸 利口酒基酒

## 草莓热巧  1000 日元（税后价）

这一款慕斯鸡尾酒的制作是在餐桌上现场完成的，制作的表演本身颇为招徕人气。在草莓糖浆、可可利口酒与鲜奶油混合制成的基座上，加上一层由蒸馏咖啡、朗姆酒与蛋白制成的轻软慕斯。

### 配方

● 基座（粉色鸡尾酒）
草莓糖浆…15mL
可可利口酒（白色）…
　15mL
新鲜奶油…30mL
香草浓缩糖浆…1dash
　（一种附于苦味酒酒瓶
　的计量器）

● 慕斯（上层泡沫）
蒸馏咖啡…20mL
百加得朗姆酒（黑色）…10mL
加勒比天然糖浆…10mL
巧克力酱…5mL
枫糖浆…5mL
新鲜奶油…20mL
蛋白…1份

 日本酒基酒

金橘汤力清酒　800日元（税后价）

使用了为调制鸡尾酒专门开发的名为"基酒"的日本酒。在基酒中掺入苏打水与汤力水，再加入金橘碎块，就形成了这一杯果味清香的鸡尾酒。

### 配方

日本酒"基酒"…1/2
苏打水…1/4
汤力水…1/4
金橘…2个
加勒比天然糖浆…1tsp

日本酒基酒

## 日本米酒酸味酒

700日元（税后价）

在富有新鲜感的日本米酒中掺入苏打水，再挤入几滴柠檬汁，就形成了这杯清爽怡人的饮品。糖浆带来的一丝甜味，非常适口。

### 配方

日本米酒…3/5
苏打水…2/5
加勒比天然糖浆…1tsp
柠檬…1/8个

🍷 朗姆酒基酒

## 石榴美人莫吉托

**1000 日元（税后价）**

使用了石榴口味的美容清凉饮料密西索。将朗姆酒、青柠檬与薄荷叠加在一起，带来这一杯莫吉托风味的鸡尾酒。这款富有美肌效果的石榴风味鸡尾酒尤其受到女性顾客的青睐。

**配方**

密西索（石榴）…30mL
百加得朗姆酒（白色）…20mL
青柠檬果汁…10mL
加勒比天然糖浆…1tsp
薄荷叶…约10片
青柠檬…1/4个
碎冰块…适量
苏打水…适量

右图为美容清凉饮料密西索。共有生姜、石榴、李子×鱼腥草、西洋梨×蜂王浆、树莓5种口味。

🍷 果酒基酒

## 西洋李子 & 梅子抚子

**900 日元（税后价）**

这是一款使用了美容清凉饮料，专为女性而设计的鸡尾酒。李子、鱼腥草与草药的组合带来一种特别的风味，梅酒与百香果的加入使饮品的口感温和了一些，可谓用心良苦。

**配方**

密西索（西洋李子&鱼腥草）…20mL
伏特加…15mL
梅酒…45mL
百香果糖浆…1茶匙

🍷 玫瑰红葡萄酒基酒

### 玫瑰桑格利亚　880日元（税后价）

这是一款由玫瑰红葡萄酒与当季水果组合而成的鸡尾酒。将水润可爱的水蜜桃切成了大块，保留了果实的质感。将迷迭香稍稍加以炙烤，激发出其香气，插在酒中作为装饰。

🍷 白葡萄酒基酒

### 白葡萄酒桑格利亚　880日元（税后价）

这是一款以"清爽口味"为概念开发的果味葡萄酒。在口味偏辣的白葡萄酒基酒中加入了苹果、豆蔻、蜂蜜等食材。

🍷 果酒基酒

### 梅酒风味桑格利亚　880日元（税后价）

这一款桑格利亚是用梅酒与日本酒制作而成的。在梅酒中加入由当季蔬菜制成的自制蔬菜酱，形成一款独特的鸡尾酒。照片中的饮品中溶入了有机人参酱，柠檬果汁则为其增加了一点亮色。

### 🍷 白葡萄酒基酒

## 密之桑格利亚　880日元（税后价）

混入美容清凉饮料的这一款饮品，美容与
保健效果是它最大的亮点。红茶、葡萄果
汁与果干合在一起，调制成了这杯果香四
溢、口感温和的鸡尾酒。

### 🍷 红葡萄酒基酒

## 红葡萄桑格利亚　880日元（税后价）

在红葡萄酒基酒中加入黑加仑与红茶风味
的利口酒，形成了芳香浓郁、富有质感的
味道。新鲜橙子与树莓的清爽甜美口味也
令饮者非常享受。

### 🍷 日本酒基酒

## 日本酒桑格利亚　880日元（税后价）

以稍带甜味的日本酒作为基酒，加入柚子
果酱与国产柚子果汁，形成这一杯日本风
味的桑格利亚。柚子果汁的酸味在日本酒
的甜味之中显得恰到好处。

# "麦基斯酒味（VINOSITY magis）"，
# 葡萄酒鸡尾酒

这家能让人随心所欲享用葡萄酒的"葡萄酒居酒屋"有着颇高的人气。葡萄酒鸡尾酒是一种传达葡萄酒之美味的新方式，以口味偏辣的起泡鸡尾酒作为基酒，用简单的配合方法调制出清爽的口感。这些鸡尾酒即便是对于平日里不习惯喝葡萄酒的人，也很容易接受这类鸡尾酒，培养了一批新的"葡萄酒迷"。

**料理**

从乳蛋饼（一种鸡蛋揉合牛奶或鲜奶油制成的糕点，为法国传统炉烤佳肴）、鸡肝酱等酒吧中常见的菜品，到正宗的以肉类、鱼类为原料的正宗法式料理，店内拥有大量可以与葡萄酒相配的料理菜品。品尝葡萄酒时，最不可缺少的就是奶酪了；"麦斯基酒味"的奶酪都是从当地精心挑选而来的北海道奶酪，顾客可以品尝到小工厂特有的、富有魅力的朴素味道。

### 🍷 白葡萄酒基酒

## 白葡萄与西柚风味鸡尾酒

700 日元（税后价）

这一款鸡尾酒被称作"操作员（operator）"，高透明度以及清爽的果酸味是它最大的特点。如果想要再增加一些清爽感，不妨再挤入一些柠檬汁吧。

### 配方

白葡萄酒…60mL
生姜汽水…60mL
柠檬片…1片
冰块…适量

### 🍷 白葡萄酒基酒

## 白葡萄与姜汁汽水风味鸡尾酒 700 日元（税后价）

柑桂酒的蓝色让人尤为印象深刻，再加入柚子果汁和白葡萄酒，呈现出3层鲜亮的颜色。柚子的酸苦味道将葡萄酒的味道全方位地激发了出来。

### 配方

白葡萄酒…60mL
柚子果汁…60mL
蓝色柑桂酒…10mL
冰块…适量

## 玫瑰红茶　700 日元（税后价）

红茶与玫瑰红葡萄酒这一组合
有些出人意料，但红茶的香气
与涩味却很好地激发出了玫瑰
的味道。再加上柠檬增加清爽
的酸味，使得整款饮品的口感
更加完美。

### 配方

玫瑰红葡萄酒…60mL
纯红茶…60mL
柠檬片…1片
冰块…适量

 玫瑰红葡萄酒基酒

## 玫瑰汽酒

### 600 日元（税后价）

在微带刺激感的玫瑰红酒
中掺入汤力水，虽然调配
方法简单，但满是气泡的
口感却十分独特。将汤力
水换成苏打水也不错，但
相比之下，汤力水更能激
发出玫瑰的香味。

### 配方

玫瑰红葡萄酒…60mL
汤力水…60mL
冰块…适量

 玫瑰红葡萄酒基酒

## 玫瑰梅酒　700 日元（税后价）

梅酒的温和酸味与玫瑰红酒温柔
的醇香相互融合在一起，创造出了一
种崭新的风味。漂浮的薄荷叶也为
其增添了一份清爽的感觉。

### 配方

玫瑰红葡萄酒…60mL　薄荷叶…适量
梅酒…30mL　　　　　冰块…适量
苏打水…60mL

## 玫瑰可尔必思

700 日元（税后价）

加入少量的可尔必思，就能激发出玫瑰独有的酸味，最终成就这一款充满夏天气息的鸡尾酒。将红酒直接温柔地倒入酒杯中，就能看见杯中呈现出的华美的色彩分层。

### 配方

玫瑰红葡萄酒⋯100mL
可尔必思⋯20mL
冰块⋯适量

🍷 红葡萄酒基酒

## 红酒酷乐　　700 日元（税后价）

这一款酒精度数偏低的果味鸡尾酒可以算是夏季鸡尾酒的代表了。按照顾客的喜好，也可以将红葡萄酒换成白葡萄酒或玫瑰红酒。基酒采用的是西班牙产的西拉红葡萄酒。

### 配方

橙汁⋯80mL
红葡萄酒⋯40mL
浓缩石榴果浆⋯1tsp
冰块⋯适量

🍷 起泡葡萄酒基酒

### 玫瑰起泡与啤酒
700 日元（税后价）

玫瑰起泡红葡萄酒与啤酒组合在了一起。为了不破坏玫瑰红酒的口味，可以根据生啤酒的类型适当增加玫瑰红酒的比例。

💬 配方

玫瑰起泡红葡萄酒…60mL
生啤酒…60mL

🍷 起泡葡萄酒基酒

### 可尔必思起泡酒
700 日元（税后价）

调制时还是应该控制好可尔必思的分量。如此一来，在品尝到可尔必思口感清凉的甜味之后，还能感受到起泡酒微辣而深沉的味道在口中弥漫。

💬 配方

可尔必思…20mL
起泡白葡萄酒…100mL

🍷 起泡葡萄酒基酒

### 粉红含羞草
800 日元（税后价）

血橙果汁的浓郁果香将起泡酒偏辣的苦味加以缓和，使其更易被人们接受。只需将起泡酒温柔地直接倒入杯中即可。

💬 配方

血橙果汁…60mL
起泡白葡萄酒…60mL

🍷 红葡萄酒基酒

## 食用型热红酒　900 日元（税后价）

与季节相搭配，店内会提供名为"本周的葡萄酒鸡尾酒"的特别产品。夏天是莫吉托，冬天则是热葡萄酒。这一款冬季专属的热红酒，让身体从里到外热乎起来，杯中还装有满满的水果，是一款名副其实的"食用型"葡萄酒。

### 配方

红葡萄酒…80mL
橙汁…20mL
蜂蜜…20mL
混合果干…20g
苹果…1块

🍷 起泡葡萄酒基酒

## 红卡悉起泡酒

**700 日元（税后价）**

黑加仑的酸甜味道与偏辣的起泡酒的温和苦味融合在一起，形成这一杯轻巧而温和的鸡尾酒。红宝石一般的鲜亮色彩为其在女性顾客中赢得了颇高的人气。

### 配方

黑加仑利口酒…15mL
血橙果汁…15mL
起泡白葡萄酒…90mL
橙子（装饰用）…适量

🍷 起泡葡萄酒基酒

## 莫吉托起泡酒　800 日元
（税后价）

炎热的季节里，当然要来一杯这样清爽的莫吉托风格的葡萄酒鸡尾酒了。微辣的起泡酒中加入了青柠檬的酸味与薄荷的清香，即使是作为"开嗓"的第一杯饮品也是非常适合的。

### 配方

百加得莫吉托利口酒…20mL
起泡白葡萄酒…90mL
青柠檬…1个
薄荷叶…适量

# "燕之工作室（燕STUDIO）"，
# 自然派鸡尾酒

"燕之工作室"尽其所能地在烹饪手法上融入心血，在料理中尽可能多的使用有机蔬菜，将食材的美味直接调动出来，至于原创鸡尾酒的基酒则使用了用干果浸制而成的自制利口酒。其中也不乏用果汁或红酒与朗姆酒配制而成的莫吉托，菜品丰富多样，无论在什么季节都能让顾客满意而归。

**料 理**

家常料理使用安全的有机食材制成，顾客还可以看到料理制作的过程，更加安心。料理中的蔬菜、肉类和鱼肉用量较多，给人满足感，与口感轻盈的原创鸡尾酒十分相配。

🍷 金酒基酒

## 柚子果酱苏打酒　580 日元

柚子果酱与金酒及柠檬果汁混合，气泡感满满。仅仅两三滴柠檬汁，就让整杯饮品的口感变得完整、饱满。柚子果酱中的柚子皮微苦的味道是其中的一个亮点。

💬 配方

柚子果酱（市场内售卖品）…15mL　苏打水…100mL
柠檬果汁…2～3滴　薄荷叶…适量
金酒…15mL　冰块…适量

🍷 金酒基酒

## 家酿莓果苏打酒　580 日元

用草莓、蓝莓、树莓与蔓越莓4种莓果做成自制莓果酱，再在其中掺入金酒。这一杯果香四溢的饮品，实现了酸味与甜味的完美统一。柠檬果汁的加入使得酸甜交融的味道变得更加引人注目。

💬 配方

自制莓果酱…15mL　苏打水…100mL
柠檬果汁…2～3滴　薄荷叶…适量
金酒…15mL　冰块…适量

🍷 软 饮

## 热姜汁　700日元

自制姜汁是用黑糖、生姜、肉桂棒、朝天椒、丁香、柠檬汁、蜂蜜与水经熬煮、过滤等工序制成。黑糖浓郁的香甜味道完美地融进了各种香料之中，形成了这一杯令人温暖的饮品。

### 配方

自制姜汁…45mL
热水…90mL

### 其他

在这家自然派食堂当中，还可以品尝到风味独特的梅酒饮品。选用了"一根六菜"梅酒（其中使用了6种蔬菜）、大吉岭梅酒（其中使用了宇治茶梅酒和红茶）制成的特制梅酒；食材的讲究也很好地体现在梅酒的美味之中。

🍸 **软 饮**

## 冰柑橘茶　600 日元

这一杯特调茶满满的都是华丽的柑橘香气。在已装有橙汁的杯中再缓缓注入偏浓的格雷伯爵茶，便形成了杯中所呈现的淡雅的渐变色。

**配方**

橙汁…70mL
格雷伯爵茶浓茶液…40mL
冰块…适量

朗姆酒基酒

## 莫吉托家酿无花果朗姆
830 日元

用有机无花果干在白色朗姆酒中浸制而成家酿的无花果朗姆酒，与白色朗姆酒混合，再加入微微辛辣的炒制黑胡椒，香气便会被全部激发出来。这款饮品在夏季尤其受欢迎。

配方

家酿无花果朗姆酒…40mL
白色朗姆酒…30mL
糖浆…5mL
苏打水…60mL
薄荷叶…适量
冰块…适量

朗姆酒基酒

## 莫吉托木槿花茶
830 日元

木槿花茶与白色朗姆酒组合而成的这款酒饮，恰到好处的酸味与木槿花茶的鲜艳色彩在女性顾客中赢得了不少人气。清爽的口味也让人十分容易接受。

配方

木槿花茶…40mL
白色朗姆酒…30mL
糖浆…10mL
苏打水…60mL
薄荷叶…适量
冰块…适量

朗姆酒基酒

## 莫吉托格雷伯爵茶
830 日元

偏浓的格雷伯爵茶鸡尾酒与白色朗姆酒混合而成这一款茶味鸡尾酒。清爽的薄荷味道与格雷伯爵茶的风味组合在一起，可谓相得益彰。

配方

格雷伯爵浓茶液…40mL
白色朗姆酒…30mL
糖浆…10mL
苏打水…60mL
薄荷叶…适量
冰块…适量

蒸馏酒基酒

## 莫吉托冲绳平实柠檬
830 日元

这是一款冲绳风味的莫吉托，基酒中的朗姆酒使用了蒸馏手法稍加处理。在酒精度数偏高的蒸馏酒中掺入了平实柠檬的果汁加以中和。

配方

平实柠檬果汁…15mL
蒸馏酒…30mL
苏打水…60mL
薄荷叶…适量
冰块…适量

# "相逢缘（いちゃりば えん）"，
# 冲绳鸡尾酒

尽管身处东京，在"相逢缘"里你仍然能够轻松地享用到正宗的冲绳料理与蒸馏酒。在原创鸡尾酒的调配上，为了能让作为冲绳特产的蒸馏酒的魅力得到充分发挥，便用芒果、木槿花等南国花果汁或利口酒与蒸馏酒混合，调制出一系列色彩鲜艳、亲近可人、口感轻盈的饮品。

**料理**

特别为女性顾客考虑，以"美食同源"为核心观念对料理进行了设计。以苦瓜什锦小炒、红烧肉等冲绳料理为代表，菜品中使用了大量冲绳特有的食材，健康感满满。搭配这些菜品，再点上一杯特调蒸馏酒的顾客不在少数。

### 🍸 蒸馏酒基酒

## 相逢缘　530 日元

为了改变人们心中蒸馏酒"酒精度数高"的印象，也为了让大部分人都能轻松享用一杯蒸馏酒，这家店的老板对蒸馏酒重新进行了一番设计。这款饮品中最为突出的就是可尔必思与芒果甜味的轻盈口感，十分适合推荐给女性顾客。

### 🗨 配方

蒸馏酒…15mL
可尔必思…15mL
芒果汁…150mL
冰块…适量

### 🍸 蒸馏酒基酒

## 热带风情蒸馏酒　600 日元

将冰淇淋加在顶端，带来一款甜品一般的鸡尾酒。随着冰淇淋的一点点融化，可以尽情享受酒味的变化。

### 🗨 配方

蒸馏酒…45mL
芒果汁…60mL
冰淇淋…1勺
刨冰…适量

## 叶子花　530日元

木槿花汁的香气与温柔的甜味使这一款鸡尾酒赢得了不少女性顾客的喜爱。在芒果利口酒之上缓缓倒入木槿花汁，便形成了自然的渐变色。

### 配方

芒果利口酒…25mL
木槿花汁…5mL
苏打水…150mL
柠檬…1/8个
冰块…适量

利口酒基酒

## 岛人　530日元

芒果利口酒、柚子汁与蓝色柑桂酒混合，打造出了清爽的绿色。即使是不擅饮酒的顾客也对它的轻巧口感与浓郁果香给予了好评。

### 配方

芒果利口酒…25mL
柚子汁…30mL
汤力水…120mL
蓝色柑桂酒…5mL
冰块…适量

🍷 啤酒基酒

## 菠萝啤酒　600 日元

这一款啤酒鸡尾酒由冲绳的品牌啤酒奥利昂（ORION）啤酒与菠萝果汁组合而成。菠萝的甜味与啤酒恰到好处的苦味可谓天生一对。

### 配方

菠萝汁…90mL
奥利昂（ORION）啤酒…270mL

🍷 啤酒基酒

## 番石榴啤酒　600 日元

醇厚的啤酒与浓郁的番石榴汁调和而成。不仅仅是啤酒爱好者，连不擅长喝啤酒的顾客也能享用。

### 配方

番石榴汁…90mL
奥利昂（ORION）啤酒…270mL

🍷 啤酒基酒

## 芒果啤酒　600 日元

在微苦的啤酒之中加入芒果汁，形成这款可口的啤酒鸡尾酒。若是对啤酒与果汁的比例进行调整，还能够呈现出各种极富创意的口味。

### 配方

芒果汁…90mL
奥利昂（ORION）啤酒…270mL

🍷 利口酒基酒

### A 标酒吧　530 日元

将等量的水蜜桃利口酒与芒果汁混合，再加入可乐提升气泡感，便形成了这款十分受女性顾客欢迎的鸡尾酒。这款酒的果香之中有着可乐的清爽感，这可谓一个加分项了。

#### 配方

水蜜桃利口酒…30mL
芒果汁…30mL
可乐…120mL
冰块…适量

#### 其他

店内也有使用冲绳特产平实柠檬梅酒或是冲绳当地产的红薯制作的梅酒和烧酒。另外，还能体验到"蒸馏酒套装"中3种不同度数蒸馏酒的口味间的差异。

🍷 利口酒基酒

### 南方的海　530 日元

以冲绳美丽的海洋为设计理念进行设计，力求使这款鸡尾酒让所有顾客都能从外观与口味上得到清爽的愉悦感。番石榴利口酒的热带果香是这款酒的最大亮点。

#### 配方

番石榴利口酒…25mL
蓝色柑桂酒…5mL
汤力水…150mL
柠檬…1/8个
冰块…适量

## 🍷 蒸馏酒基酒

### 琉球汤力　530 日元

为了调制出一杯冲绳风情的鸡尾酒，在汤力水中加入了蒸馏酒，使得它的味道令人回味无穷。为了与蒸馏酒搭配，在配料中使用了汤力水，而非金酒。

#### 配方

伏特加…10mL
蒸馏酒…20mL
汤力水…150mL
青柠檬…1/8个
冰块…适量

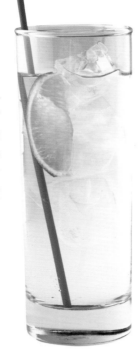

## 🍷 朗姆酒基酒

### 平实柠檬·莫吉托

580 日元

使用具有冲绳特色的平实柠檬果汁制作而成的一杯莫吉托。加入白色朗姆酒与较多的糖浆，柠檬的酸味便成了口感圆润的甜味。

#### 配方

白色朗姆酒…25mL
平实柠檬果汁…20mL
糖浆…20mL
薄荷叶…适量
苏打水…115mL
冰块…适量

## 🍷 利口酒基酒

### 岛人的宝物

530 日元

使用芒果与黑加仑两种利口酒混合在一起，形成了这一款酸甜可口的鸡尾酒。将两种利口酒叠加之后缓慢注入汤力水，便能使两种色彩保留得更加富有立体感。

#### 配方

芒果利口酒…15mL
黑加仑利口酒…15mL
汤力水…150mL
柠檬…1/8个
冰块…适量

# "居酒屋星组(いざかや ほしぐみ)",
# 惊喜饮品

"喝葡萄酒就像喝红灯笼",以此为理念,餐厅对料理与饮品都进行了独特的创新;顾客则以三四十岁的成年顾客为主。在富有亲切感的家常料理或饮品中加入小小的创意,便带来一种原创感,这样的创作手法常常会让顾客感到惊喜。

**料　理**

店里总是洋溢着昭和时代的复古味道,提供的料理则是创意家常菜。类似于照片中500日元的"盐煮柚子胡椒烤肉",或是店家的自制糕点与葡萄酒或创意鸡尾酒相配的料理,俘获了大部分顾客的心。

 朗姆酒基酒

## 鲜柚莫吉托　600 日元

将挖出果肉之后的鲜柚子皮当作酒杯，制成这款6~10月的限定款季节饮品。柚子的外观总能吸引所有人的注意。取出果肉之后，将柚子进行冰冻，再向其中注入百加得莫吉托基酒与碳酸水。

### 配方

百加得莫吉托基酒…45mL
碳酸水…200mL

🍷 桑格利亚 · 混合葡萄酒基酒

## 桑格利亚　500 日元

酒尽杯空，星形的小块椰果与菠萝便会逐渐显现，可以说是一款童心满满的饮品。有红色与白色两种"款式"。红色桑格利亚是在红葡萄酒中加入苹果、橙子、桃子等水果，其中更有白兰地、肉桂的登场，如此带来的刺激口感颇具魅力。

### 配方

桑格利亚…180mL
星形椰果（罐头）…3颗
星形菠萝（罐头）…3颗

🍷 红葡萄酒基酒

## 红酒刨冰　450 日元

在刨冰纸杯中倒入冰块与葡萄酒，让人"痛饮"的豪放风格为其博得了颇高人气。饮品设计者的初衷是让顾客以更为轻松、无拘无束的心情享受葡萄酒。葡萄酒有红、白两款可以选择。

### 配方

葡萄酒…180mL
冰块…适量

🍷 烧酒基酒

## 柑橘醋酸味酒　400 日元

"柑橘醋"这个名称就已经勾起了不少人的兴趣。还有不少顾客会联想到日料中的柑橘酱油醋。实际上，这款酸味强劲、口感清爽的酸味酒中使用的是市场上可以买到的名为"柑橘醋"的柑橘果汁。联想与实际之间的反差感也带来了不错的话题效应。

### 配方

烧酒…45mL　　碳酸水…200mL
柑橘果汁…20mL　冰块…适量

# "门前仲町葡萄酒吧 酒馆2538（門前仲町ワイン酒場 Bistro2538）"，葡萄酒鸡尾酒

葡萄酒酒吧"门前仲町葡萄酒吧 酒馆2538"提供以葡萄酒为代表，涵盖桑格利亚、含羞草鸡尾酒等种类的创意调制酒，与之搭配的还有朴实美味的家常料理。使用日本少见的意大利产樽生起泡葡萄酒和桑格利亚酒，从每杯饮品中都能体现出创造者的想法。更采用了"自制调酒"的独特方式，让顾客能够享受调酒的乐趣，这样的体验型品酒方式也"俘获"了不少顾客的心。

**料 理**

餐厅名称中的"2538"的发音"nikomiya"与日语"炖呀"（煮込みや）相同，餐厅的主打菜"和牛脸肉炖红酒"更是能让人充分享受红酒与红酒炖肉的美味。各种精心制作而又平易近人的法式料理每一款都分量十足，配酒也是极好的。

樽生红起泡酒
和蔓越莓汁

樽生白起泡酒
和芒果汁

樽生白起泡酒
和水蜜桃汁

🍷 起泡葡萄酒基酒

## 20 种含羞草鸡尾酒　均为 580 日元

用作基酒的意大利产 "樽生起泡葡萄酒" 分为红（偏甜）、白（偏辣）
两种。与 10 种不同口味的果汁分别搭配，便创造出了 20 种口味各
异、色彩美艳的含羞草鸡尾酒。其中蔓越莓与芒果是最受欢迎的。

配方

樽生起泡葡萄酒…75mL
果汁…60mL

白桑格利亚
×
香橙

红桑格利亚
×
西柚

红桑格利亚
×
菠萝

🍷 桑格利亚 · 混合葡萄酒基酒

## 20 种桑格利亚酒　580 日元 / 杯（含基酒与 1 瓶果汁）

以"让更多的人亲近葡萄酒"为目标，以桑格利亚酒为基酒开发了这一款特调鸡尾酒。因其口感较易被顾客接受与其种类的丰富性，受到了不少女性顾客的喜爱。为了满足女生聚会之类的需求，除了 1 杯装，还有 3 杯份或 6 杯份的规格可供选择。

配方

桑格利亚…100mL
果汁1瓶…130mL

**桑格利亚·混合葡萄酒基酒**

红桑格利亚酒由红葡萄酒基酒加入苹果、橙子、香蕉、肉桂等材料制作而成，味道浓郁而富有刺激感。白桑格利亚酒则由白葡萄酒基酒加以柠檬等当季水果以及植叶类原料制作而成，干味是它的特征。

红葡萄酒基酒　　　　白葡萄酒基酒

顾客首先要在红、白两种葡萄酒中选择一种基酒，接着要在10种果汁（饮料）中选择喜爱的口味，最后将两者混在一起，享受自己调酒的乐趣。

**果汁（饮料）**

8种水果的果汁，加上生姜汽水与可乐，共有10种口味可以选择。在调酒之前，各种口味的果汁就都准备就绪了；果汁瓶上绘有插图，还有各种颜色的挂带。

香蕉

菠萝

苹果

水蜜桃

橙子

柚子

蔓越莓

芒果

生姜汽水

可口可乐

## "喂——北海道 别海町 酒吧(おぉーい北海道 別海町酒場)",
# 北海道酒饮

餐厅名称中的"别海町"是北海道根室附近一个街道的名字。以北海道的魅力为卖点，着眼于别海町周围的地区，菜品中采用了北海日本岛虾、帆立贝、壮健牛等当地特产作为食材原料。饮品中也用到了产量位居日本第一的别海町牛奶，能够完全展现出北海道的魅力。

**料 理**

照片中左上角的菜品是"芝士烤北海道产北极贝"，其他分别是"清煮日本岛虾""野付冰下鱼""别海牛奶鸡蛋烧"。不少上班族都会因这些北海道直送的新鲜食材慕名而来，店里总是十分热闹。

（烧酒基酒）

## 牛奶蜂蜜酒　460日元

在烧酒中加入了别海町酒吧里颇负盛名的甜酒风味乳饮料"别海蜂蜜牛奶甜酒"。装有烧酒的大啤酒杯边上附有1瓶蜂蜜牛奶甜酒，顾客可以按喜好调整浓度。还有小瓶装的烧酒（250日元）和蜂蜜牛奶甜酒（350日元）供顾客选择。

（配方）

别海蜂蜜牛奶甜酒…1瓶
　（140mL）
烧酒…25mL
冰块…适量

这一款乳饮料，是在别海町产的牛奶中加入根室地窖酒酒糟与蜂蜜调制而成的，既有甜酒的浓郁香甜，又有牛奶的香醇口感。为了保持新鲜，需要将其冷冻保存。

 软 饮

### 蓝靛果牛奶　430 日元

配方

使用蓝靛果果汁"德拉库拉葡萄"制成。酸味强烈的蓝靛果与别海町的牛奶混合，形成圆润而舒适的口感。

蓝靛果果汁…30mL
牛奶…适量
冰块…适量

软 饮

### 北海道蜜瓜牛奶

430 日元

配方

在使用"北海道蜜瓜果汁"制成的浓缩果浆中加入别海町牛奶。牛奶的浓醇中融入了蜜瓜口味，形成十分清爽的味道。

蜜瓜浓缩果浆…30mL
牛奶…适量
冰块…适量

烧酒基酒

### 北海道蜜瓜酸味酒

530 日元

配方

用大啤酒杯呈现这一款色彩鲜艳的蜜瓜风味酸味酒，顾客可以大口大口地尽情享受它的爽快口感，十分适合搭配料理饮用。

蜜瓜浓缩果浆…30mL
烧酒…60mL
碳酸水…140mL
冰块…适量

烧酒基酒

### 蓝靛果酸味酒

530 日元

配方

蓝靛果富含维生素C、铁元素等营养物质，是一种十分利于健康的水果。这一款蓝靛果酸味酒尤其适合女性顾客。

蓝靛果果汁…30mL
烧酒…60mL
碳酸水…140mL
冰块…适量

🍷 烧酒基酒

## 咖啡牛奶烧酒　530 日元

这一款饮品中的"别海咖啡牛奶"中同样使用了别海町的生乳。甜味中还有温润的苦味。

烧酒…60mL
咖啡牛奶…适量
冰块…适量

🍷 烧酒基酒

## 牛奶烧酒　530 日元

烧酒加牛奶，即便是为了健康而戒酒的顾客，若是犯了酒瘾，点上一杯也无妨。使用的牛奶为别海町产的"别海牛奶屋"牛奶。

配方

烧酒…60mL
牛奶…适量
冰块…适量

别海町直送的新鲜牛奶。在"别海町酒吧"的第一杯不如先点上一杯牛奶吧。餐厅提供小杯装的250mL"Welcome Drink（欢迎饮料）"，每杯250日元。

瓜拉那除了与威士忌搭配，还可以调制成酸味酒供客人享用。在与威士忌搭配时，装有冰块和烧酒的大啤酒杯与小瓶的瓜拉那会一同送到顾客面前。瓜拉那酸味酒的价格为500日元。

🍷 威士忌基酒

## 瓜拉那威士忌　530 日元

这一款威士忌使用了被称之为"北海道的可口可乐"的瓜拉那制作而成。小瓶的瓜拉那摆放在威士忌一旁，顾客可以根据自己的喜好调整饮品的浓度。

配方

瓜拉那…1瓶（230mL）
威士忌（帝王威士忌）…60mL
冰块…适量

# "东京开放（東京オーブン）"，
# 果汁鸡尾酒

在"东京开放"店内，有许多使用色彩缤纷的果汁制作而成的创意鸡尾酒。店长十分中意的兵库县高砂市产"真果汁"与自制甘露酒和烧酒、红葡萄酒与苏打水等混制而成的饮品，使用从全国各地精心挑选的食材制成的菜品，盛装料理的岩手南部出产的铁质餐盘，餐厅风格自成一派，一度成为行业佳话。

**料理**

为了追求食材本身的美味而开发出"十胜香草牛排"、"岩手清流烤鸡"等富有创意的菜品。多汁而柔软的上等肉材充分体现出餐厅经营者的用心，一路传达到顾客的口中与心中。

 果酒基酒

## 奇迹梅子苹果酒　600 日元

通过在有机培育而成的纪州熟梅的100%梅汁中加入干苹果酒来提升起泡感。梅子在甜菜糖中充分浸渍，形成温和的甜味，再融进苹果酒中，带来清爽的口感。

配方

奇迹梅子汁…15mL
干苹果酒…135mL
冰块…适量

作为鸡尾酒主要组成部分的果汁有梅子、柚子、丑柑、平实柠檬4种口味。

## 美国丑柑汽水
### 600 日元

丑柑与芳香的椪柑混合制成"丑椪柑"果汁，再加入赤霞珠红葡萄酒，形成富有层次感的味道与色彩。

**配方**

丑椪柑果汁…30mL
红葡萄酒…45mL
苏打水…75mL
冰块…适量

🍷 白葡萄酒基酒

## 奇迹柚子酷乐　600 日元

用高知县产的无农药柚子连皮带肉制成"奇迹柚子"果汁，再加入泛着柑橘香味的霞多丽白葡萄酒来增添气泡感，形成一杯透明感十足的饮品。

**配方**

奇迹柚子果汁…15mL
白葡萄酒…60mL
苏打水…适量
冰块…适量

🍸 **伏特加基酒**

## 日本产柠檬切罗酒（添加苏打水） 600日元

用酒精含量高达95%的"生命之水"伏特加制成自制柠檬切罗酒，再加入苏打水，柠檬果皮的苦味与果汁的酸味让人十分享受。

### 配方

自制柠檬切罗酒…30mL
苏打水…120mL
冰块…适量

🍸 **伏特加基酒**

## 日本产莫斯科骡子 600日元

辛辣口味的自制生姜汁与自制生姜味"生命之水"（用生姜在酒精含量为95%的伏特加中浸制而成）配合而成这一款清爽的酒饮。

### 配方

自制生姜汁…15mL
自制生姜味"生命之水"…20mL
苏打水…适量
柠檬…1/8个
冰块…适量

图中左侧是使用高知县生产的姜和香料制成的自制生姜汁；右侧是使用和歌山县产柠檬和"生命之水"制成的柠檬切罗酒。

# "泰（Thai's）"，
# 泰风鸡尾酒

为了让更多的人轻松享用泰国料理，这家日常风格的餐厅"泰"在配酒小菜中融入了酒吧的元素，打造出了人气颇高的菜品。鸡尾酒也主打"泰式风格"，其中有以泰国特产酒"湄公威士忌"为基酒的酒饮，也有以"南国"为概念开发的热带风情鸡尾酒。无论哪一款鸡尾酒都风格别致，引起了不少关注。

**料理**

将泰国咖喱、罗勒叶米饭、泰式炒面等正宗泰国料理按照日本人的口味进行了改造，除此之外还有丰富的西班牙风格的配酒小菜。照片中后面是香草风味的"泰国香草蒸贻贝"（税后720日元），前面的则是蘸满了原创酱料的"特制肋排"（税后880日元）。

🍷 威士忌基酒

## 泰风莫吉托

**600 日元（税后价）**

用泰国的湄公威士忌代替朗姆酒制成的一款莫吉托。由于湄公威士忌是以大米与蔗糖为原料制成的，因此具有黑色威士忌一般浓郁的香气。可以一边用搅拌棒将插在杯中的柠檬草的香气搅拌开，一边享用酒的美味。

### 配方

湄公威士忌…30mL
青柠檬…1个
薄荷叶…3g
砂糖…3g
汤力水…70mL
柠檬草…1根

## 泰风热带芒果酷乐
**500 日元（税后价）**

原料使用了含有大量胶原蛋白的木槿花浓缩汁，怡人的口感特别受女性青睐。制作时，先在杯底垫入一层浓缩汁，再装满整杯碎冰，最后依次加入芒果汁和白葡萄酒，便能创造出甜美的渐变色。

### 配方

木槿花浓缩汁…5mL    白葡萄酒…30mL
芒果汁…40mL    碎冰块…适量

红葡萄酒基酒

## 泰风热带番石榴酷乐
**500 日元（税后价）**

图中是一款葡萄酒酷乐风格的鸡尾酒，使用了西班牙产的口感轻盈的红葡萄酒。饮品呈美丽的渐变色，色彩与口味的变化都是令人十分享受的部分。番石榴汁则产自南美洲，拥有强烈的甜味。

### 配方

木槿花浓缩汁…5mL    红葡萄酒…30mL
番石榴汁…40mL    碎冰块…适量

 **威士忌基酒**

## 泰风威士忌

**550 日元（税后价）**

湄公威士忌回味无穷的味道很可能会让人上瘾；为了配合这种富有个性的威士忌味道，更选择了生姜汽水而非苏打水与其搭配。清爽的口味与辛辣的泰国料理也颇为相配。

**配方**

湄公威士忌…30mL
生姜汽水…120mL
青柠檬…1/8个
冰块…适量

**其他**

泰国特产酒"湄公威士忌"的风味对于威士忌的爱好者来说具有难以抗拒的强烈吸引力。根据个人喜好，可以选择加冰块、纯酒或是掺水等方式来上一杯。每杯酒的税后价格为600日元。

# "舍瓦（SHEVA）"，特制饮品

以当地的日本棒球职业联赛参赛队"横滨F·马里诺思"的比赛为代表，在体育主题酒吧"舍瓦"里可以观看各种国外足球赛、职业篮球赛。在丰富多彩的酒饮中，除了用利口酒，还有用乌龙茶、牛奶等调制而成的饮品，顾客可以从容易被接受而又充满创意的菜单中尽情选择。

**料理**

除了最具代表性的沙拉、薯条、炸鸡块等炸物小食，意大利面、比萨等轻食也可以让比赛观战的气氛更"燃"一层。其中，最适合配酒的"鱼与薯条"有着极高的点单率。

🍸 伏特加基酒

## 法维奥　600 日元

象征着"横滨F·马里诺思"的蓝色尤其让人印象深刻，酒名则来源于棒球队中的青年捕手的名字。用泛着橙皮清香的蓝色柑桂酒，给原本干涩的口感增加了一丝清爽。

### 配方

伏特加…40mL　　　苏打水…100mL
蓝色柑桂酒…10mL　冰块…适量

🍷 果酒基酒

## 抚子　680 日元

在这款鸡尾酒中，梅酒基酒带来的淡粉色十分惹人喜爱。更加入用樱桃在汽酒中浸制而成的樱桃白兰地，让梅酒的品质感"更上一层楼"。

### 配方

梅酒…30mL　　　　苏打水…100mL
樱桃白兰地…15mL　冰块…适量

🍷 利口酒基酒

## 利物浦　680 日元

将等量乌龙茶与牛奶混合，再加入以大吉岭红茶为主要成分的"帝芬"牌红茶利口酒，共同调和出温柔甜美的口味。这款基酒是这家店铺人气第一的饮品。

### 配方

"帝芬"红茶利口酒…40mL
乌龙茶…60mL
牛奶…60mL
冰块…适量

🍷 威士忌基酒

## 横滨黑手党　680 日元

三得利角瓶威士忌、散发柑橘清香的仙山露柑橘苦艾酒以及金巴利混合而成这一款鸡尾酒。干爽、刺激的口感让人印象深刻，颇受男性顾客喜爱。

### 配方

仙山露柑橘苦艾酒…15mL
金巴利…15mL
三得利角瓶威士忌…15mL
汤力水…100mL
冰块…适量

## 🍷 利口酒基酒

### 天堂蓝汤力　680 日元

在散发着橙皮清香的蓝色柑桂酒中加入荔枝的味道，使得果香更为浓郁。甜美的香气与亮丽的蓝色，让人联想到天堂乐园的氛围。

### 配方

荔枝利口酒…40mL
蓝色柑桂酒…10mL
汤力水…100mL
冰块…适量

## 🍷 威士忌基酒

### 中村　680 日元

这款基尾酒由三得利角瓶威士忌、甜苦艾风味的仙山露白味美思以及水果与香草利口酒风味的金馥力娇酒混合而成，口感清爽。酒名来自于横滨F・马里诺思棒球队的选手中村俊辅。

### 配方

仙山露白味美思…15mL
金馥力娇酒…15mL
三得利角瓶威士忌…15mL
汤力水…100mL
青柠檬…1/8个
冰块…适量

# "苏酒吧（SAKABA SOU）"，
# 水果鸡尾酒

"苏酒吧"的经典鸡尾酒与特调鸡尾酒的品质是有目共睹的。值得一提的是该店的水果鸡尾酒，借助着与酒的平衡搭配，将果实水灵的美味最大限度地发挥出来。水果的味道与起泡葡萄酒、龙舌兰等酒类搭配在一起，以更为细腻迷人的方式表达了出来，令人印象深刻。

**料理**

"苏酒吧"没有被自己"酒吧"的身份限制住，除了为食客提供配酒小食，也提供各种各样"实实在在"的料理，可以尽可能地满足顾客的需求。不少顾客会点上一份主厨特制的"肉排三明治"作为最后一道料理。

 龙舌兰基酒

## 蜜瓜鸡尾酒　　1300 日元

对"玛格丽特"进行了创新，在口感猛锐的龙舌兰之上加入了蜜瓜的清淡甜味，创造出这一杯冰冻鸡尾酒。青柠檬汁的酸味是整杯饮品的一个亮点，也使整体的味道变得完整。

### 配方

| | |
|---|---|
| 蜜瓜…1/8个 | 龙舌兰…20mL |
| 橙汁…30mL | 青柠檬汁…5mL |
| 蜜瓜利口酒…15mL | 冰块…适量 |

🍷 白兰地基酒

## 苹果鸡尾酒　　1300 日元

仿佛镶嵌着宝石一般的光辉，给人留下了极为深刻的印象。将基酒卡尔瓦多斯苹果白兰地以及其他所有原料在调酒杯中混合，最后注入玻璃杯中。加入了较多的青柠檬汁，可防止形成苹果鸡尾酒特有的沉淀物。

### 配方

| | |
|---|---|
| 苹果（去皮）…1/4个 | 卡尔瓦多斯酒…30mL |
| 青柠檬汁…15mL | 上等白糖…少许 |

087

## 桑格利亚·布兰卡　1000 日元

白葡萄酒与菠萝汁组合而成这一杯桑格利亚。在杯中加入薄荷叶，再轻轻地将其搅碎、激发出它的香味，这就是整杯饮品的亮点。尽管制作过程并不复杂，但清爽的口感丝毫不打折扣。

### 配方

| | |
|---|---|
| 白葡萄酒…60mL | 青柠檬与柠檬切片…各1片 |
| 菠萝汁…45mL | 薄荷叶…适量 |
| 砂糖糖浆…10mL | 冰块…适量 |
| 苏打水…适量 | |

🍷 朗姆酒基酒

## 僵尸　1300 日元

将白色朗姆酒、菠萝等原料全部用调酒杯混合，制成这一杯经典鸡尾酒"僵尸"。制作的最后一步是加入"红糖甜酒151"，轻轻地晃动下，赋予其令人印象深刻的浓郁香气。

### 配方

| | |
|---|---|
| 菠萝…1/8个 | 碎冰块…适量 |
| 橙子…1/2个，榨汁 | "rum（朗姆酒） |
| 杏仁利口酒…20mL | 151"…10mL |
| 白色朗姆酒…20mL | |

起泡葡萄酒基酒

## 列昂纳多  1500 日元

将口感冰凉的冷香槟缓缓注
入杯中，再加入草莓果汁，
带来这一杯色彩亮丽、果香
浓郁的鸡尾酒。手工榨草莓
汁的口感颇为轻盈。

### 配方

起泡葡萄酒…50mL
草莓…5个

# "新新路（SHIN-SHIN ROO）"，
# 中国酒鸡尾酒

在这家酒吧风格的餐厅中，以招牌的猪肉饺子为代表，顾客可以尽情享受口味清爽的鸡肉饺子、饺子浇肉酱、中国式水煮蛋凯撒沙拉等创意中华料理以及各种酒饮。为了与这些料理进行搭配，餐厅还为顾客准备了黄酒，但是考虑到不喜欢黄酒味道的顾客，餐厅也为他们准备了各式中式鸡尾酒，让这些顾客也能享受到黄酒的味道，在头一杯啤酒之后，真是难以抑制想要尝尝这些鸡尾酒的冲动。

**料　理**

店内的饺子每天都是新鲜制作，连冷冻的工序都不需要。招牌猪肉饺子（照片左侧，380日元）馅料饱满，汁多味浓，特别适合配酒。照片右侧的是牛肉番茄饺子（580日元），饺子上面淋有自制的100%牛肉酱。蟹肉奶油炸饺子、三文鱼奶油芝士饺子之类的创意饺子也都具有颇高的人气。

 红葡萄酒基酒

## 甜杏配红酒　600 日元

杏露酒与红葡萄酒混合而成的一款鸡尾酒。"浊·杏露酒"中含有熟杏果肉，口感温柔舒畅，红葡萄酒则使用了法国隆河谷葡萄酒的中体红酒。由于有红酒的加入，偏甜的口味也不会有让人感到腻，与料理搭配享用也是很不错的选择。

### 配方

浊·杏露酒…1/3/杯
红酒…2/3杯

黄酒基酒

## 龙茉莉茶　500 日元

在古越龙山酿造的黄酒当中混入茉莉花茶，便形成一杯香气四溢的鸡尾酒。度数不高，因此酒量较弱的人也可以安心品尝，酒量过人的话，则可以在酒宴的末尾将它当作醒酒饮品来享用。

### 配方

黄酒…适量
茉莉花茶…适量
冰块…适量

## 龙菲士　500 日元

这是一款由绍兴酒与生姜汽水混合而成的鸡尾酒。黄酒是古越龙山的优质酿制品，使用老酒与水混合酿制而成；富有品质感的甜味与深沉的口感是它的特征。生姜汽水则选择了口感刺激的偏辣品种。由于易于品尝，并且口感稍带刺激感，这款鸡尾酒可谓颇具人气。

**配方**

黄酒…适量
生姜汽水…适量
冰块…适量

---

🍷 黄酒基酒

## 龙卡悉　500 日元

**配方**

黄酒…适量
黑加仑…适量
碳酸水…适量
冰块…适量

这款鸡尾酒由古越龙山优品黄酒（16.5度）与卡悉（黑加仑）组合而成，品尝的时候甚至感觉不到黄酒的存在。这款酒浓郁辛辣的口感在酸味酒或烧酒鸡尾酒当中是品味不到的，也非常适合与饺子搭配食用。

---

🍷 起泡葡萄酒基酒

## 甜杏起泡酒　600 日元

**配方**

起泡葡萄酒…70%
浊·杏露酒…30%

在含有熟杏果肉、口感舒畅至微醺的"浊·杏露酒"（酒精度为10度）当中混入起泡葡萄酒，这一杯鸡尾酒就完成了。甜杏的香气随着气泡一同直冲鼻腔，清爽而温和的甜味尤其受女性欢迎。

黄酒基酒

## 新新路之龙

500 日元

在黄酒中加入柚子汁、柠檬汁，再加入碳酸水，这满满一杯的鸡尾酒就算完成了。口感清爽，在口中弥散的香味让人不禁怀疑是不是在其中加入了什么草药或香料。这款创意鸡尾酒对于不喜爱黄酒的人来说也易于尝试，人气颇高。

配方

黄酒…适量　　碳酸水…适量
柚子汁…适量　冰块…适量
柠檬汁…适量

 红葡萄酒基酒

## 中华桑格利亚

600 日元

由杏露酒与红葡萄酒（法国隆河谷中体葡萄酒）以及橙汁混合而成的一款鸡尾酒。看上去像是一杯普通红酒，但饱含果香，口感也容易被接受，在女性顾客中也收获了不错的评价。

配方

红葡萄酒…适量
橙汁…适量
浊·杏露酒…适量

 起泡葡萄酒基酒

## 荔枝起泡酒

600 日元

这一款鸡尾酒，是在含有荔枝的高品质香气、富有魅力的利口酒（酒精度为14度）当中混入起泡葡萄酒。起泡葡萄酒使用了智利产的安杜拉加起泡酒。

配方

起泡葡萄酒…适量
荔枝酒…适量

# "奥托酒吧（BAL OTTO）"，
# 葡萄酒鸡尾酒与莫吉托

"奥托酒吧"是一家可随意进入、只有站立空间的酒吧。在那里，经典鸡尾酒有了各种各样的新"玩法"，比如在其中加入葡萄酒、利口酒或果汁，使其变得更为"平易近人"。这些使用复合型基酒的原创鸡尾酒，无论哪一款都具有口感轻盈、色彩华丽的特点。

**料理**

由主厨带来的法式创意料理与轻盈的鸡尾酒正相配。炙烤蔬菜与各类沙拉、自制培根与意大利香肠——各式菜品将食材本身的美味发挥得淋漓尽致。

🍷 桑格利亚·混合葡萄酒基酒

### 厄尔巴
500 日元

---

仙山露干红混合微苦的西柚果汁，果香余韵，清爽怡人。

配方

仙山露特干味美思酒…30mL
西柚果汁…30mL
汤力水…50mL
冰块…适量

🍷 白葡萄酒基酒

### 阿马尔菲·利莫内
500 日元

---

白葡萄酒与汤力水叠加在由柠檬果皮萃取而成的柠檬酒之上，一杯高透明感、带有淡淡酸味的意式鸡尾酒由此诞生。

配方

白葡萄酒…45mL
柠檬酒…5mL
汤力水…50mL
冰块…适量

🍷 红葡萄酒基酒

### 西西里舞曲
500 日元

---

以杏仁芳香为特征的利口酒"阿玛雷托"为红葡萄酒增添了一抹亮色。整款酒品带有温和的坚果香味，令人联想到西班牙桑格利亚汽酒。

配方

红葡萄酒…45mL
阿玛雷托…5mL
汤力水…50mL
冰块…适量

## 🍸 利口酒基酒

### 威尼斯莫吉托  650日元

将香橙利口酒与苏打水混合在一起，就能创造出气泡感十足的口感。在薄荷与橙子的双重口感上再加上柠檬的酸味，柑橘的风味与香气一直弥漫在嘴里。

#### 配方

阿佩罗香橙利口酒…30mL　　苏打水…70mL
薄荷叶…1撮　　　　　　　　碎冰块…适量
柠檬切片…1片

## 🍸 利口酒基酒

### 莓果莫吉托  650日元

专为女性开发的一杯鸡尾酒。在荔枝利口酒中加入树莓浓缩果汁，形成了淡淡的粉红色。柚子果汁的温和苦味使人对它的印象更加深刻。

#### 配方

蒂她荔枝酒…25mL　　　青柠檬…1/8个
树莓浓缩果汁…30mL　　苏打水…70mL
柚子果汁…45mL　　　　碎冰块…适量
薄荷叶…1撮

## 🍸 利口酒基酒

### 金巴利莫吉托  650日元

这款酒是对意大利式经典"金巴利"酒的创意调制，是一款美妙的双层莫吉托。碎冰使得薄荷叶的香气弥漫在整杯酒中。

#### 配方

金巴利…30mL　　　青柠檬…1/8个
苏打水…70mL　　　碎冰块…适量
薄荷叶…1撮

## 🍸 利口酒基酒

### 冰块百利甜  650日元

百利甜酒在甜品式鸡尾酒中可谓是不可或缺的，这款鸡尾酒是在百利甜上加以创新。草莓冰淇淋与百利甜的组合，无论怎么品尝都很美味。

#### 配方

百利甜…45mL
草莓冰淇淋…1勺
薄荷叶…适量

 白葡萄酒基酒

### 贝拉唐娜　　500 日元

由白葡萄酒、番茄果汁、生姜汽水组合而成，令人眼前一亮。这款以女性为创作灵感的鸡尾酒中，藏着番茄若隐若现的酸味。

**配方**

白葡萄酒…45mL
番茄果汁…10mL
生姜汽水…50mL
柠檬切片…1片
冰块…适量

 白葡萄酒基酒

### 阿祖罗蓝　　500 日元

这一款鸡尾酒是以意大利足球队标志性的蓝色为概念而调制的。水蜜桃果汁的加入不仅仅使鸡尾酒的颜色变成亮丽的蓝色，也使酒饮的口感变得更为柔和。

**配方**

白葡萄酒…45mL
蓝色柑桂酒…5mL
水蜜桃果汁…45mL
柠檬切片…1片
冰块…适量

(🍸) 朗姆酒基酒

## 莫吉托　　600 日元

在古巴比较受欢迎的这一款"莫吉托"，由于薄荷的香气被激发，使得这款酒野性四溢。柠檬果汁的加入，使得这款酒的口感更为清澈。

配方

| | |
|---|---|
| 朗姆酒…30mL | 薄荷叶…1撮 |
| 红糖…适量 | 青柠檬…1/8个 |
| 苏打水…70mL | 碎冰块…适量 |

(🍸) 朗姆酒基酒

## 特干生姜莫吉托　　600 日元

气泡丰富、口味辛辣的生姜汽水与朗姆酒可谓绝配。薄荷的香气也使得生姜汽水的口感更加清爽。

配方

| | |
|---|---|
| 朗姆酒…30mL | 柠檬切片…1片 |
| 生姜汽水（偏辣）…70mL | 碎冰块…适量 |
| 薄荷叶…1撮 | |

## 意大利冰茶　500 日元

在有杏仁芳香的"阿玛雷托"利口酒中混入乌龙茶，制成这一杯冰茶风格的鸡尾酒。酒精度数低，更像是在享用一杯风味茶饮。

### 配方

阿玛雷托……30mL
乌龙茶……70mL
柠檬切片……1片
冰块……适量

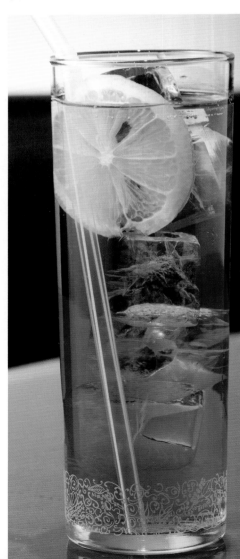

伏特加基酒

## 莫斯科　600 日元

将一块生姜连皮切片，在一瓶伏特加中浸制约1个月，制成自制生姜伏特加，再在其中加入生姜汽水，组合而成这一杯鸡尾酒。柠檬的酸味与香气更能原封不动地体现出来。

### 配方

生姜伏特加…30mL　　　青柠檬…1/8个
生姜汽水（偏辣）…70mL　　冰块…适量

利口酒基酒

## 萨瓦伊   650 日元

红茶风味的蒂凡茶酒散
发着独特香气，芒果汁
与牛奶泡沫编织成双层
的鲜亮对比色。将冰牛
奶轻轻打发至起泡，是
制作时的一大亮点。

### 配方

蒂凡茶酒…30mL
芒果汁…50mL
牛奶…20mL
薄荷叶…适量

# "伍之伍之 十六夜（伍之伍之十六夜）", 醋味酸味酒与原创酒饮

配酒极好的小食、蔬菜丰富的菜品，在"伍之伍之 十六夜"，你可以找到各种跨越国界的料理。该店还特意调配了适合女性顾客饮用的"醋味酸味酒"系列。将苹果醋、石榴醋等饮料与酸味酒组合在一起，构成了丰富多彩又有益健康的酒水菜单。

## 料理

拌、焖、炖、焯⋯采用各种烹饪方式制作的多种多样的蔬菜创意小食，在品酒的最后来上一份是最适合不过的了。日本酒、烧酒、葡萄酒等日、西结合的酒水配上"蒜泥烤面包""五目釜饭"等料理，这样风格一致的菜单结构也颇受好评。

 果酒基酒

## 黑加仑梅酒混西柚
550 日元

梅酒的浓郁芳香、黑加仑利口酒十足的莓果味以及柚子的淡淡苦味混合在一起，果香四溢又容易上口。

### 配方

黑加仑利口酒…25mL
梅酒…100mL
柚子果汁…75mL
冰块…适量

 果酒基酒

## 青柠檬柚子的姜味酸味酒　550 日元

将等量的青柠檬酒与柚子酒混合，再用生姜汽水增加气泡感。青柠檬与柚子的柑橘酸香叠加在一起。生姜汽水的加入也使这款饮品更加爽口。

### 配方

青柠檬酒…30mL
柚子酒…30mL
生姜汽水…适量
冰块…适量

103

## 健康醋酸味酒苹果醋酸味酒　480 日元

以"健康饮品"为理念，使用醋饮料调配而成这一款酸味酒。苹果果汁的加入使得它的口味十分清甜。

**配方**

苹果醋…45mL
烧酒混合苏打水…160mL
冰块…适量

🍷 烧酒基酒

## 健康醋酸味酒石榴醋酸味酒　480 日元

在经长时间酿制而成、口味温润的黑醋中加入酸甜的石榴汁，使得这杯酒酸甜平衡。石榴汁鲜亮的红色也让这杯酒变得魅力十足。在关注健康与美丽的女性顾客中人气颇高。

**配方**

石榴黑醋…45mL
烧酒混合苏打水…160mL
冰块…适量

🍷 烧酒基酒

## 健康醋酸味酒蜂蜜黑醋酸味酒　480 日元

在黑醋中加入蜂蜜，制成了口味更具有亲和力的蜂蜜黑醋，最后直接加入酸味酒。蜂蜜与黑醋的酸味恰到好处地融合在一起，甜味也被中和得恰到好处。

**配方**

蜂蜜黑醋…45mL
烧酒混合苏打水…160mL
冰块…适量

**🍷 烧酒基酒**

## 健康醋酸味酒莓果醋酸味酒   480 日元

苹果醋与葡萄果汁、树莓果汁、黑加仑果汁、草莓果汁混合在一起，莓果的芳香便萦绕在这一杯酸味酒周围。

**配方**

莓果醋…45mL
烧酒混合苏打水…160mL
冰块…适量

**🍷 烧酒基酒**

## 健康醋酸味酒柠檬醋酸味酒   480 日元

在苹果醋基底中加入柠檬果汁制成柠檬醋，柠檬醋跳跃感的口味加上基酒锐利而爽快的口感，在不知不觉间，这杯酒便见了底。

**配方**

柠檬醋…45mL
烧酒混合苏打水…160mL
冰块…适量

**🍷 伏特加基酒**

## 浓厚鲜西柚威士忌   550 日元

这款鸡尾酒中，新鲜柚子果汁的体积有二百多毫升，可好好享用其中的美味果肉。柚子汁的粉色与糖浆的棕红色组合在一起，十分华丽。

 **配方**

| | |
|---|---|
| 柚子浓缩果汁…10mL | 伏特加…30mL |
| 西柚浓缩果汁…25mL | 柚子果汁…200mL |
| 红石榴糖浆…5mL | 冰块…适量 |

# 粗盐威士忌　500 日元　　配方

以调配咸味鸡尾酒为理念，在杯口蘸上粗盐，对三得利角瓶威士忌加以创意调制。

三得利角瓶威士忌…30mL　　柠檬…1/8个
苏打水…120mL　　　　　　冰块…适量
粗盐…适量

（果酒基酒）

## 冻梅酒　500 日元

这一款鸡尾酒是由梅酒冰冻而成的，品尝的时候可以自由选择一个融化的程度来进行品味。也有不少顾客将它当作饭后的冰淇淋甜点。

配方

【易于制作的比例配方】
梅酒…700mL
水…500mL

※每杯取120mL，再加上适量薄荷叶。

## 番石榴橙汁　480 日元

由番石榴浓缩果汁与橙汁组合
而成这一杯热带风情饮品。橙
汁散发的芳香与微微的酸味会
让顾客胃口大开。

### 配方

"莫林"番石榴浓缩果汁…35mL
橙汁…175mL
冰块…适量

软 饮

## 椰香菠萝汁　480 日元

椰子的香气与菠萝果汁的甘甜
令人印象深刻。同为热带水果
的菠萝与椰子十分相配，更容
易调和。

### 配方

浓缩椰汁…40mL
凤梨果汁…160mL
冰块…适量

软 饮

## 杏仁豆腐饮品
480 日元

阿玛雷托将杏仁豆腐的香气激发了出来，再加入牛奶，这一杯"杏仁豆腐饮品"就算完成了。将樱桃做装饰物，还能起到愉悦视觉的作用。

### 配方

莫林·阿玛雷托…45mL
牛奶…150mL
樱桃…1颗
冰块…适量

# "婆娑树影（shake tree）"，原创鸡尾酒

在这里你可以找到堪称美食的汉堡与正宗的酒饮，还可以在秀场上看到调酒师富有魅力的花式调酒表演。趣味十足的调酒表演为酒吧的魅力加分不少，引得顾客络绎不绝。接下来将对以"自然"为主题、独此一家的各式创意鸡尾酒加以介绍。

**料 理**

将牛肉细细切碎，彻底激发出肉质的鲜美味道，如此制成的牛肉馅饼可以说是人见人爱。照片中的"芝士汉堡"搭配薯条，每份税后价为1000日元。还可以选择迷你汉堡（税后价400日元）用来配酒。

🍸 **伏特加基酒**

## 星球海洋 900 日元（税后价）

这是一款造型类似宇宙的冰冻鸡尾酒。在伏特加基酒中加入蓝色柑桂酒、原创果汁"青柠檬什锦果汁"、木莓浓缩汁和碎冰，用调酒器制作成冰糕状。杯中的樱桃代表太阳，柠檬则代表月亮。

### 配方

伏特加…1 oz
蓝色柑桂酒…1/2 oz
木莓浓缩果汁…1/4 oz
青柠檬什锦果汁…1 oz

碎冰块…适量
柠檬皮…少量
樱桃…1颗

🍷 利口酒基酒

## 翡翠奶油苏打
750 日元（税后价）

从冰淇淋汽水中得到灵感，调配成这一款以蜜瓜利口酒为基酒的"成人冰淇淋汽水"。先在杯中放入冰块，注入利口酒，再加满雪碧，最后添上香草冰淇淋和樱桃。这一杯酒饮，怀旧之情满满。

### 配方

蜜瓜利口酒…11/2 oz　　樱桃…1颗
雪碧…适量　　　　　　冰块…适量
香草冰淇淋…1勺

🍷 伏特加基酒

### 末路　800 日元（税后价）

这一款鸡尾酒中，有带有红辣椒的辛辣、刺激味道的伏特加"伯特索夫卡"，以及用番茄蛤蜊汤等材料制成的"蛤蜊茄汁"。用芹菜茎代替搅拌棒，加入了一些重口味，最后加入黑胡椒碎，在杯边抹适量盐，整杯酒饮就变得极具刺激性。

### 配方

伯特索夫卡…1oz　　芹菜茎…1根
蛤蜊茄汁…适量　　　盐边…1/2圈
黑胡椒碎…适量　　　冰块…适量

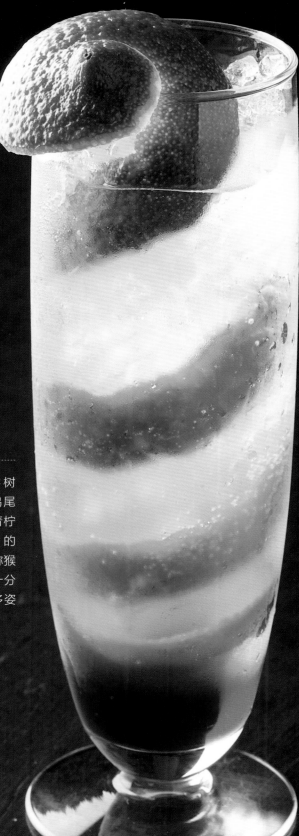

朗姆酒基酒

## 婆娑树影
**800 日元（税后价）**

与店名同名的"婆娑树影"，是该店的招牌鸡尾酒。一圈一圈盘旋的青柠檬皮模仿"摇曳的树"的姿态。树莓的红色与猕猴桃的绿色之间的变化十分美妙，也带来了多彩多姿的口味。

### 配方

朗姆酒…1 oz
猕猴桃浓缩果汁…3/4 oz
柠檬汁…1/2 oz
树莓浓缩果汁…1/2 oz
汤力水…适量
青柠檬皮…1个份
碎冰块…适量

### 🍷 利口酒基酒

#### 海岛　750 日元（税后价）

蓝色柑桂酒象征着大海，青柠檬象征着
飘浮的海岛，樱桃则象征着照耀在海上
的阳光。柚子汁和菠萝汁组合在一起，
带来了水果的酸味，让酒的余味也变得
十分清爽。

**配方**

| | |
|---|---|
| 水蜜桃利口酒…1 oz | 冰块…适量 |
| 柚子汁…2 oz | 青柠檬、樱桃（装饰 |
| 菠萝汁…2 oz | 用）…各适量 |
| 蓝色柑桂酒…1/2 oz | |

### 🍷 利口酒基酒

#### 莓果莓果　900 日元（税后价）

草莓果酱、树莓利口酒、蔓越莓果汁，
这是一款莓果满满的冰冻鸡尾酒。青柠
檬混合果汁又在莓果的酸味之中加入了
一点亮色。

**配方**

| | |
|---|---|
| 树莓利口酒…1oz | 冰块…适量 |
| 青柠檬混合果汁…1oz | 青柠檬、樱桃（装饰 |
| 蔓越莓果汁…1oz | 用）…各适量 |
| 草莓果酱…适量 | |

 利口酒基酒

## 热带天堂　900 日元（税后价）

使用热带水果制成。鲜亮的黄色与大块的菠萝一下子就带来了浓郁的南国气息。芒果酱的加入使得这款鸡尾酒的口感变得十分圆润。

### 配方

百香果利口酒…1oz　　菠萝、樱桃（装饰
什锦水果汁…2oz　　　用）…各适量
芒果果酱…适量

利口酒基酒

## 巧克力香槟　900 日元（税后价）

以可可利口酒作为基酒，再加入香草冰淇淋、牛奶、奥利奥饼干与冰块，用搅拌棒搅拌均匀。再用生奶油与奥利奥饼干加以装饰，客人便可以享用这一款甜品式的鸡尾酒了。

### 配方

可可利口酒…1oz　　巧克力浆…1oz
牛奶…1oz　　　　　生奶油、奥利奥饼干
香草冰淇淋…适量　　（装饰用）…适量
奥利奥饼干…2块

🍷 软 饮

## 蓝色苹果薄荷　550 日元（税后价）

这一款无酒精鸡尾酒，为那些不善于饮酒的人或是想在午餐时间来一杯鸡尾酒的人特别准备。它那清爽的色彩与清冽的口感，在午餐时间尤为受人欢迎。

### 配方

青苹果浓缩果汁…1 oz　　　冰块…适量
蓝柑汁…1/4 oz　　　　　　柠檬…1/8个
青柠檬混合果汁…1/2 oz　　樱桃…1颗
苏打水…适量

🍷 软 饮

## 椰香奶茶　550 日元（税后价）

椰子浓浆与奶茶调配成了这一杯香气四溢的饮品。淡淡的甜茶香味搭配汉堡之类的主食，快意横生。

### 配方

椰子浓浆…1oz　　薄荷叶…适量
原茶…1oz　　　　冰块…适量
牛奶…3oz

116

🍷 利口酒基酒

### 花式调制鸡尾酒　　1000日元（配方）

以超高人气的"花式调酒"方式调制而成的一款鸡尾酒。水蜜桃利口酒、蔓越莓果汁与柚子汁混合、摇匀之后，酒饮便显出艳丽的朱红色，抓人眼球。薄荷樱桃在酒中更添一点绿。

配方

水蜜桃利口酒…1 oz　　柚子果汁…3/2 oz
蔓越莓果汁…3/2 oz　　薄荷樱桃…1颗

🍷 软　饮

### 粉色柠檬汽水　　550日元（税后价）

青柠檬混合果汁、蔓越莓果汁与碳酸水层层重叠，对比鲜明的色彩首先便让人赏心悦目。若是将三者混合在一起，便会形成淡淡的粉色与酸甜的柠檬汽水味道。

配方

青柠檬混合果汁…1oz　　柠檬…1/8个
蔓越莓果汁…1oz　　冰块…适量
苏打水…适量

117

## "皮埃罗酒吧（Bar Pierrot）"，
# 原创鸡尾酒

"大隐隐于市"，这家酒吧位于酒吧的聚集地、北千住站的附近，是下班回家的上班族和附近的居民放松身心的空间。酒吧老板钟情于电影，因此原创鸡尾酒的开发灵感有许多都来自于电影，或是来自于老板与老顾客们的谈天，许多鸡尾酒都有其背后的故事。超过300种的洋酒品种也构成了该店一大魅力点。

**料理**

店内有"轻盈派小食"与"饱满派小食"可供顾客挑选。照片中左下角是"长葱炖牛舌"（税后价800日元），这道料理对葱香的运用可谓别出心裁；左上角则是"香肠四拼盘"（税后价800日元）。厨师具备一些日本料理的烹饪经验，即便是在普通的料理中也能看出他不凡的手艺。老顾客当中，许多人都对咖喱饭与煮鸡蛋情有独钟。

🍷 利口酒基酒

## 皮埃罗·罗扎特

800 日元（税后价）

"罗扎特"在意大利语的"粉色"。在麝香葡萄利口酒的华丽香气与爽快酸味之中加入伏特加,尽管酒精度数偏高,但是果香满满,口感易于让人接受。

### 配方

| | |
|---|---|
| 麝香葡萄利口酒…30mL | 红石榴糖浆…1tsp |
| 伏特加…30mL | 冰块…适量 |
| 橙汁…45mL | |

🍷 利口酒基酒

## 皮埃罗·阿祖罗

800 日元（税后价）

"阿祖罗"在意大利语中是"蓝色"的意思。在椰子的甜香中加入酸甜的菠萝,色彩清爽,口味则带有热带风情。

### 配方

| | |
|---|---|
| 椰子利口酒…30mL | 汤力水…适量 |
| 菠萝果汁…45mL | 冰块…适量 |
| 蓝色柑桂酒…15mL | |

🍸 龙舌兰基酒

### 失忆的海　800 日元（税后价）

这款鸡尾酒因电影《肖申克的救赎》的最后一个镜头而生。饮者即便不知道电影所讲述的故事，也能因这海一般的蓝色而感到安心。盐边则做成了雪花边的样子。

#### 配方

龙舌兰…30mL　　青柠檬…1/8个
潘诺协路力娇果味　蓝色柑桂酒…少量
　利口酒…30mL　　盐（雪花边用）…适量

🍸 朗姆酒基酒

### 雪绒花　600 日元（税后价）

以开放在高原上的小白花为概念调配而成的一款极具透明感的鸡尾酒。在温润甘甜的无花果利口酒中加入柠檬，用酸味给这款鸡尾酒加上一抹亮色。

#### 配方

白色朗姆酒…35mL
无花果利口酒…35mL
柠檬…1/8个

🍸 利口酒基酒

## 一见钟情　　600 日元（税后价）

酒吧老板从调酒生涯的一开始便调制至今的一款鸡尾酒。在金巴利的微苦味道之中，带有水蜜桃利口酒的酸甜口味。蒂她荔枝利口酒的加入更为其增加了一抹香气。

### 配方

金巴利…15mL　　　　　柠檬…1/8个
水蜜桃利口酒…30mL　　苏打水…适量
蒂她荔枝利口酒…1tsp　冰块…适量

🍸 利口酒基酒

## 鲨鱼岛　　600 日元（税后价）

在与一位热爱足球的老顾客的聊天当中，这款以日本女足的一位选手为"图景"的鸡尾酒调配创意便诞生了。清爽的蓝色，爽快的苏打口感，真可谓是一杯亭亭玉立的酒饮。

### 配方

麝香葡萄利口酒…30mL　青柠檬…1/8个
伏特加…20mL　　　　　苏打水…适量
蓝色柑桂酒…10mL　　　冰块…适量

## 牛奶加倍　800 日元（税后价）

爱斯坦利·库布里克导演的电影《发条橙》中出现的鸡尾酒启发调配而成。茴香和药草风味的"加里安奴"利口酒为其添上特别的香味，个性十足。

### 配方

伏特加…20mL
香蕉利口酒…20mL
香草利口酒…20mL
加里安奴利口酒…1tsp
牛奶…适量
冰块…适量

🍷 利口酒基酒

## 粉红小可爱　800 日元（税后价）

这款鸡尾酒的原料使用了人气颇高的能量饮料，让人精神为之一振。基酒使用了"红熊能量"利口酒，其成分中的牛磺酸与瓜拿纳据说都有滋补强健的效果。

### 配方

红熊能量利口酒…45mL
红牛…适量
柠檬…1/8个
冰块…适量

 伏特加基酒

## 特调莫斯科骡子

600 日元（税后价）

在生姜浸伏特加中加入生姜葡萄酒，再掺入威尔金森偏辣口味的生姜汽水，可谓一款被生姜"占领"的鸡尾酒。强烈的生姜风味很容易上瘾哦。

### 配方

生姜浸伏特加…30mL
丝彤姜酒…15mL
生姜汽水…适量
柠檬…1/8个
冰块…适量

将切成大块的生姜在伏特加中充分浸制。选用斯米诺伏特加进行酿造。

 伏特加基酒

## 莫斯科骡子热饮

800 日元（税后价）

在寒冷的天气里，有不少顾客只为这一杯酒饮而光顾店内。在这一杯热鸡尾酒中，满满的都是生姜浸伏特加的味道。为了不让生姜汽水中的碳酸完全消失，饮品不能过度加温，此乃制作的一大要点。

### 配方

生姜浸伏特加……30mL
丝彤姜酒……15mL
生姜汽水……适量
柠檬……1/8个

## 火热的意大利人　800 日元（税后价）

在这杯热鸡尾酒的杯子四周，有阿玛雷托的香味轻柔地四散。在橙汁中撒入肉桂粉，在加热时加入阿玛雷托。这款鸡尾酒只在冬季供应。

### 配方

阿玛雷托…45mL
橙汁…适量
肉桂粉…少量

---

利口酒基酒

## 歌帝梵热巧牛奶　800 日元（税后价）

用歌帝梵巧克力利口酒制成这一款热可可一般的鸡尾酒。奶油般丝滑的圆润口感俘获了不少女性顾客的芳心。

### 配方

歌帝梵巧克力利口酒…45mL
牛奶…适量

红葡萄酒基酒

## 家酿热红酒　800 日元（税后价）

在红葡萄酒中加入各种香料、煮沸，香料的精华得以保留。在顾客下单之后，再将蜂蜜、柠檬与红酒混合加热，送到顾客面前。顾客也能品尝到葡萄酒原本的风味。

### 配方

红葡萄酒…适量　　　蜂蜜…适量
香料（肉豆蔻、丁香、　柠檬…适量
　肉桂粉）…适量

### 🍷 伏特加基酒

## 家酿柠檬切罗酒
500 日元（税后价）

**配方**

柠檬…适量
"生命之水"伏特加…适量
自制糖浆…适量

这是一款意大利的传统利口酒。将柠檬在 96 度的"生命之水"伏特加中浸制，在短时间内将柠檬的香味最大限度地激发出来。冰块或是加苏打水的加入会使酒变得更加爽口。

### 🍷 伏特加基酒

## 柚子利口酒　600 日元（税后价）

**配方**

柚子…适量
伏特加…适量
自制糖浆…适量

用柚子代替柠檬制成切罗酒，带来这一款冬季限定的利口酒饮品。与柠檬不同的浓厚口味，甜味适中。散在口中的清爽味道，一口下去，心生欢喜。

### 🍷 伏特加基酒

## 家酿莓果酒　600 日元（税后价）

**配方**

草莓、树莓、黑加仑等莓果…适量
伏特加…适量
自制糖浆…适量

在伏特加中加入草莓、树莓、黑加仑等莓果浸制，带来这一款具有甜美浆果色彩的利口酒。可在酒中加入冰块、苏打水或是汤力水，各种喝法可随客人喜好挑选。

### 🍷 威士忌基酒

## 家酿梅酒　800 日元（税后价）

**配方**

梅子…适量
杰克·丹尼威士忌…适量
蜂蜜…适量

梅酒年年酿，配酒各不同。照片中的梅酒是用杰克·丹尼威士忌与蜂蜜混合浸制 1 年而成的。店内还有用朗姆酒和黑糖浸制而成的梅酒。

# "创意饮品"
# 所在店铺一览

### 肉排之家 （→ P.008）

- 地址／东京丰岛区东池袋1-27-5，关口大厦1楼
- 电话／03-3987-6001
- 营业时间／17:00—次日0:00（停止下单时间：料理为23:00，饮品为23:30）
- 休息日／全年无休

### 分店中村食堂 （→ P.014）

- 地址／东京港区赤坂6-15-1，三环大厦1楼
- 电话／03-5575-0026
- 营业时间／17:30—23:30（停止下单时间：22:30）
- 休息日／全年无休

### 姜之芳香 （→ P.020）

- 地址／东京港区六本木5-2-1，宝来屋大厦2楼
- 电话／03-5772-7280
- 营业时间／周一~周六18:00—次日4:00（停止下单时间：3:00），周日与法定节假日17:00—23:00（停止下单时间：22:00）
- 休息日／全年无休

### 池袋的风 （→ P.026）

- 地址／东京丰岛区南池袋3-16-10，1楼
- 电话／03-3988-7088
- 营业时间／17:00—次日3:00（停止下单时间：次日2:30）
- 休息日／全年无休

### 咖啡酒馆 远方的亲爱的 （→ P.032）
（Bistro de cafe DEAR FROM）

- 地址／千叶县千叶市中央区春日2-10-8，丽柏春日1楼
- 电话／043-205-4173
- 营业时间／午市11:00—15:00，下午茶15:00—18:00，晚市18:00—23:00（停止下单时间：料理22:00，饮品22:30）
- 休息日／每周一

### 新和食到 （→ P.038）

- 地址／东京丰岛区南池袋2-23-4，富泽大厦2楼
- 电话／03-6915-2181
- 营业时间／午市：周三~周日12:00—15:00（停止下单时间：14:00）；晚市：周一~周六17:00—23:30（L.O. 料理22:30，饮品23:00），周日17:00—23:00（停止下单时间：料理22:00，饮品22:30）
- 休息日／不定时休息

### 麦基斯酒味 （→ P.044）
（VINOSITY magis）

- 地址／东京千代田区锻冶町2-9-7，大贯大厦地下1楼
- 电话／03-5577-5575
- 营业时间／周日~周三15:00—次日1:00（停止下单时间：料理24:00，饮品次日0:30），周五15:00—次日4:00（停止下单时间：料理次日3:00，饮品次日3:30）
- 休息日／每周六、法定节假日以及其他不定时休息日

### 燕之工作室 （→ P.050）

- 地址／东京新宿区市谷本村町2-33
- 电话／03-5229-3566
- 营业时间／周一~周五11:30—14:30 & 17:00—23:00（停止下单时间：22:30），周六11:30—14:30 & 17:00—22:00（停止下单时间：21:30）
- 休息日／每周日与法定节假日

### 相逢缘 （→ P.056）

- 地址／千代田区神田佐久间町1-6-5，AKIBA TOLIM5楼
- 电话／03-5209-1370
- 营业时间／11:00—23:30（停止下单时间：料理22:30，饮品23:00）
- 休息日／不定时休息（以AKIBA TOLIM的休业日为准）

### 居酒屋星星组 (→ P.062)

- 地址 / 东京世田谷区三轩茶屋2-13-10
- 电话 / 03-347-9840
- 营业时间 / 周一~周六17:00—次日2:00（停止下单时间：次日1:30），周日17:00—次日1:00（停止下单时间：次日0:30）
- 休息日 / 全年无休

### 门前仲町葡萄酒吧 酒馆2538 (→ P.066)

- 地址 / 东京江东区富冈1-13-1，1楼
- 电话 / 03-3630-5775
- 营业时间 / 周二~周四与周日：17:00—23:00，周五、周六17:00—23:30
- 休息日 / 每周一

### 喂——北海道 别海町 酒吧 新大手町大厦店 (→P.070)

- 地址 / 东京千代田区大手町2-2-1，新大手町大厦1楼
- 电话 / 03-3272-2033
- 营业时间 / 11:30—14:30 & 17:00—23:00
- 休息日 / 周末与节假日

### 东京开放 (→ P.074)

- 地址 / 东京千代田区内神田2-6-9，翔和镰仓桥大厦1楼
- 电话 / 03-3252-7778
- 营业时间 / 周一~周五：午市11:00—14:00，晚市17:00—次日0:00（停止下单时间：23:00）；周六：17:00—22:00（停止下单时间：21:00）
- 休息日 / 每周日与节假日

### 泰 黛弗西蒂东京广场店 (→P.078)

- 地址 / 东京江东区青海1-1-10，黛弗西蒂东京广场6楼
- 电话 / 03-6457-1030
- 营业时间 / 11:00—23:00（停止下单时间：22:00）
- 休息日 / 全年无休（偶尔不定时休假）

### 舍瓦 （SHEVA） (→ P.082)

- 地址 / 神奈川县横滨市中区野毛町1-45，第2港产大厦1楼2号
- 电话 / 045-242-1211
- 营业时间 / 18:00—次日3:00
- 休息日 / 每周一

### 苏酒吧 （SOU） (→ P.086)

- 地址 / 东京目黑区自由之丘1-7-13，克里奥大厦4楼
- 电话 / 03-5701-1141
- 营业时间 / 18:00—次日3:00
- 休息日 / 每周日与法定节假日

### 新新路 (→ P.090)

- 地址 / 爱知县名古屋市中村区名站4-22-8，站前横町
- 电话 / 052-581-5575
- 营业时间 / 17:00次日2:00
- 休息日 / 每周日（若周一是法定节假日，则周日营业、周一休息）

### 奥托酒吧 （BAL OTTO） (→ P.094)

- 地址 / 东京目黑区自由之丘2-11-3，邦子大厦2楼
- 电话 / 03-5731-9339
- 营业时间 / 17:30—次日2:00
- 休息日 / 每周三

### 伍之伍之 十六夜 (→ P.102)

- 地址 / 东京江户川区西葛西5-5-16，坪井大厦2楼
- 电话 / 03-3877-0949
- 营业时间 / 17:00—次日1:00
- 休息日 / 不定时休息

### 婆娑树影 (→ P.110)

- 地址 / 东京墨田区龟泽3-13-6，岩崎大厦1楼
- 电话 / 03-6658-8771
- 营业时间 / 周一~周五11:00—15:00（停止下单时间：14:00）& 17:00—23:00（停止下单时间：料理22:00，饮品22:30），周末与法定节假日11:00—23:00（停止下单时间：料理22:00，饮品22:30）
- 休息日 / 每周二（若周二为法定节假日，则次周周三调休）

### 皮埃罗酒吧 (→ P.118)

- 地址 / 东京足立区千住旭町39-7，杉山大厦1楼
- 电话 / 03-5284-7332
- 营业时间 / 19:30—次日5:00（停止下单时间：次日4:30）
- 休息日 / 全年无休

## 图书在版编目（CIP）数据

创意鸡尾酒 & 人气饮品 189 款 / 日本旭屋出版主编；谢糧伊译. —北京：中国轻工业出版社，2025.4

ISBN 978-7-5184-2084-1

Ⅰ. ① 创… Ⅱ. ① 日… ② 谢… Ⅲ. ① 鸡尾酒 – 调制技术 Ⅳ. ① TS972.19

中国版本图书馆 CIP 数据核字（2018）第 198167 号

版权声明：

NINKI BARU, IZAKAYA NO SOSAKU DRINK  edited by Asahiya Shuppan Henshubu

Copyright © ASAHIYA PUBLISHING CO., LTD. 2014

All rights reserved.

Original Japanese edition published by ASAHIYA PUBLISHING CO., LTD.

This Simplified Chinese language edition published by arrangement with ASAHIYA PUBLISHING CO., LTD., Tokyo in care of Tuttle-Mori Agency, Inc., Tokyo through Shinwon Agency Co., Beijing Representative Office.

责任编辑：卢　晶　　责任终审：劳国强　　整体设计：锋尚设计
策划编辑：高惠京　　责任校对：李　靖　　责任监印：张京华

出版发行：中国轻工业出版社（北京鲁谷东街 5 号，邮编：100040）

印　　刷：北京博海升彩色印刷有限公司

经　　销：各地新华书店

版　　次：2025 年 4 月第 1 版第 10 次印刷

开　　本：720×1000　1/16　印张：8

字　　数：150 千字

书　　号：ISBN 978-7-5184-2084-1　定价：49.80 元

邮购电话：010-85119873

发行电话：010-85119832　010-85119912

网　　址：http://www.chlip.com.cn

Email：club@chlip.com.cn

版权所有　侵权必究

如发现图书残缺请与我社邮购联系调换

250514S1C110ZYW